时标上的Sobolev空间及其应用

周见文　李永昆　王艳宁◎著

重庆大学出版社

内容提要

本书是在从事时标上的微分方程定性理论研究工作的基础上编写而成的. 本书定义了时标上的一类 Sobolev 空间并研究其重要性质. 作为这类 Sobolev 空间的应用,应用变分方法中的临界点定理获得几类时标上的动力系统解的存在性和多重性.

本书可供高等院校理工科研究生及从事科学研究工作的教师作为参考用书,也可供从事相关理论和应用研究的科研人员使用.

图书在版编目(CIP)数据

时标上的 Sobolev 空间及其应用 / 周见文,李永昆,王艳宁著. -- 重庆 : 重庆大学出版社,2019.5
新工科系列
ISBN 978-7-5689-1547-2

Ⅰ. ①时… Ⅱ. ①周… ②李… ③王… Ⅲ. ①微分方程—边值问题—研究 Ⅳ. ①O175.8

中国版本图书馆 CIP 数据核字(2019)第 073707 号

时标上的 Sobolev 空间及其应用
周见文 李永昆 王艳宁 著
策划编辑:范 琪
责任编辑:姜 凤 版式设计:范 琪
责任校对:关德强 责任印制:张 策
*
重庆大学出版社出版发行
出版人:饶帮华
社址:重庆市沙坪坝区大学城西路 21 号
邮编:401331
电话:(023) 88617190 88617185(中小学)
传真:(023) 88617186 88617166
网址:http://www.cqup.com.cn
邮箱:fxk@cqup.com.cn (营销中心)
全国新华书店经销
重庆长虹印务有限公司印刷
*
开本:720mm×960mm 1/16 印张:9.25 字数:131 千
2019 年 5 月第 1 版 2019 年 5 月第 1 次印刷
ISBN 978-7-5689-1547-2 定价:68.00 元

前言

在现实生活中,我们常用动力系统来研究物理学、生命科学和社会科学等领域中的问题. 在用动力系统研究这些问题时,通常会用微分方程(微分方程系统)或差分方程(差分方程系统)进行描述. 1676年莱布尼茨在致牛顿的信中首次提出“微分方程”这一概念,至此之后,微分方程有了长足的发展. 差分方程的起源可追溯到公元前2000年巴比伦人用递归数列求极限,但其基本理论的发展在微分方程之后. 微分方程与差分方程有着密切的联系:在求微分方程数值解时,需要将其离散化后获得相应的差分方程,而许多微分方程可通过差分方程取极限获得. 因而这两种理论有诸多的共性,由于差分方程变量的离散性,其内容更为丰富. 在过去,研究者们为了研究方便,经常假设所研究的动力学过程要么是连续的,要么是离散的,因此,要么用微分方程,要么用差分方程去研究. 这一假设要求所研究的动力学过程是纯连续的或者是纯离散的. 但是,在现实生活中,许多过程不是纯连续性的,也不是纯离散性的,既具有连续性特点,也具有离散性特点.特别地,许多经济现象和生态过程就是连续-离散的混合过程.为了给出一种既能描述连续性动力学过程和离散性动力学过程,又能描述连续-离散的混合动力学过程的数学方法,1988 年,Stefan Hilger 在其博士论文中提出了时标理论.时标 $\mathbb{T}$ 就是实数集 $\mathbb{R}$ 的一个非空闭子集,其拓扑是由 $\mathbb{R}$ 诱导的拓扑.两个最广泛的时标的例子就是 $\mathbb{T}=\mathbb{R}$ 和 $\mathbb{T}=\mathbb{Z}$.时标理论丰富、拓展和统一了微分方程理论和差分方程理论,使得时标上的动力学方程涵盖和统一了经典的微分方程和差分方程,搭建了连续分析和离散分析的桥梁.

时标理论提出后,许多研究者对其做了先驱工作,包括时标上的微积分理论的建立等,丰富和完善了时标理论.尤其是时标上的微积分在研究现实生活过程的某些数学模型以及物理学、化工技术、种群动力学、生物学、经济学、神经网络和社会科学的研究中发挥着巨大的作用.时标理论的提出,使得研究时标上的动力学系统成为可能.

近年来,随着时标理论的丰富和发展,时标上的动力系统的研究引起了许多学者的浓厚兴趣,成为近期备受关注的一个非常活跃的研究领域.特别地,许多研究者就时标上的微分方程的可解性做了大量的研究.研究时标上的微分方程的可解性的方法有很多,如上下解方法、不动点定理、重合度理论等.尽管研究时标上的微分方程的解的可解性的方法有很多,但是应用变分方法研究时标上的微分方程的可解性的结果相对较少.而据笔者所知,变分方法是研究时标上的非线性动力系统的新颖方法.尤其是应用变分方法中的临界点定理可以获得一些时标上微分方程边值问题解的多重性.我们知道,用临界点理论研究经典的非线性动力系统解的存在性和多重性,就是在相应的 Sobolev 空间上建立所研究动力系统对应的变分结构,也就是对应的泛函,使得所研究的动力系统的解就是其对应泛函的临界点,从而将所研究的动力系统解的存在性和多重性转化为寻找其对应泛函的临界点.因此,无论是研究常微分方程边值问题、偏微分方程边值问题,还是差分方程边值问题,在应用临界点定理研究其解的存在性和多重性时,Sobolev 空间都是最基本的工具,并且起着很重要的作用.不仅如此,变分方法的其他领域以及偏微分方程、计算数学、应用数学、数学物理等领域的发展都需要利用 Sobolev 空间理论作为研究工具.虽然 Sobolev 空间的研究结果很多,但是目前在国内还没有关于时标上的 Sobolev 空间方面的中文专著出版.为填补这一不足,我们尝试撰写此书,希望本书的出版能为从事时标上的微分方程及领域研究与应用的科研工作者提供理论工具.我们也希望通过本书的出版吸引更多的学者,壮大时标上的微分方程及相关领域的研究队伍,进一步丰富时标及相关领域的理论和研究方法.

本书建立时标上的一类 Sobolev 空间,研究其类似于通常的 Sobolev 空间的一些重要性质,如嵌入定理等.作为所建立的时标上的 Sobolev 空间的应用,我们在这类 Sobolev 空间上建立几类时标上的微分方程(微分方程系统)边值问题的变分结构,将求其解的存在性和多重性转化为求其对应泛函的临界点的存在性和多重性,从而开辟了研究时标上微分方程动力系统的新方法——变分方法.

著 者

2019 年 1 月

目录

第1章 绪 论

1.1 时标的历史背景和研究意义

物理学、生命科学和社会科学的一个重要进展主要在于存在一个数学框架去描述、解决和更好地理解其中的问题. 这种框架通常有两种:一种是微分方程模型,也称为连续动力学模型,涉及的变量是连续变量;另一种是差分方程模型,也称为离散动力学模型,涉及的变量是离散变量. 在过去,研究者们为了研究方便,经常假设所研究的动力学过程要么是连续的,要么是离散的,因此要么用微分方程,要么用差分方程去研究. 这一假设要求所研究的动力学过程是纯连续的或者是纯离散的. 但是,在现实生活中,许多过程不是纯连续性的,也不是纯离散性的,既具有连续性特点,也具有离散性特点. 特别地,许多经济现象和生态过程就是连续-离散的混合过程. 文献[1]中就描述了一种季节性世代不重叠种群繁殖,例如温带昆虫的季节性繁殖. 温带昆虫在繁殖季节末灭绝前产卵,在下一个繁殖季节开始时孵化,产生新一代昆虫,这一繁殖过程无世代重叠. 虽然每一代昆虫在一个繁殖季节里的数量由于死亡、资源消耗、捕食、交配等是连续变化的,但是在一代末和下一代初之间的变化是离散的. 因此,无论是微分方程还是差分方程都不能完全准确地描述连续-离散的混合动力学过程. 为了给出一种既能描述连续性动力学过程和离散性动力学过程,又能描述连续-离散的混合动力学过程的数学方法,Stefan Hilger 在文献[2]中首次提出了时标理论. 时标 $\mathbb{T}$ 就是实数集 $\mathbb{R}$ 的一个非空闭子集,其拓扑是由 $\mathbb{R}$ 诱导的拓扑. 两个最广泛的时标的例子就是 $\mathbb{T} = \mathbb{R}$ 和 $\mathbb{T} = \mathbb{Z}$. 时标理论丰富、拓展和统一了微分方程理论和差分方程理论,使得时标上的动力学方程涵盖和统一了经典的微分方程和差分方程,搭建了连续分析和离散分析的桥梁(参见文献[3,4]).

时标理论提出后,许多研究者对其做了先驱工作,包括时标上的微积分理论的建立等,丰富和完善了时标理论(参见文献[5-18]). 尤其是时标上的微积分在研究现实生活过程的某些数学模型以及物理学、化工技术、种群动力学、生物学、经济学、神经网络和社会科学的研究中发挥着巨大的作用. 时标理论的提出,使得研究时标上的动力学系统成为可能.

1.2 时标上的动力系统的国内外研究状况

当今,时标上的动力系统的研究引起了许多学者的浓厚兴趣和广泛关注,是一个非常活跃的研究领域(参见文献[19-43]). 自1999年以来,许多作者开始研究时标上的边值问题解的存在性和多重性(参见文献[44-59]). 研究时标上的微分方程的解的存在性和多重性的方法很多,例如,上下解方法、不动点定理、重合度理论等. 文献[27]就是用严格集压缩不动点定理研究时标上的具脉冲的泛函微分方程正周期解存在性的一个很好例子.

1.3 建立时标上的 Sobolev 空间的理论依据及本书的主要内容

尽管研究时标上的微分方程的解的存在性和多重性的方法有很多,但是应用变分方法研究时标上的微分方程边值问题解的存在性和多重性的结果不多见(如文献[47]). 据笔者所知,变分方法是研究时标上的非线性动力系统的新颖方法. 尤其是应用变分方法中的临界点定理可以获得一些时标上微分方程边值问题解的多重性. 我们知道,用临界点理论研究经典的非线性动力系统解的存在性和多重性,就是在相应的 Sobolev 空间上建立所研究动力系统对应的变分结构,也就是对应的泛函,使得所研究的动力系统的解就是其对应泛函的临界点,从而将所研究的动力系统解的存在性和多重性转化为寻找其对应泛函的临界点. 因此,无论是研究常微分方程边值问题、偏微分方程边值问题,还是差分方程边值问题,在应用临界点定理研究其解的存在性和多重性时,Sobolev 空间都是最基本的工具,并且起着很重要的作用. 不仅如此,变分方法的其他领域以及偏微分方程、计算数学、应用数学、数学物理等领域的发展都需要利用 Sobolev 空间理论作为研究工具. Sobolev 空间的研究结果很多,闭区间 $[0,T]$ 上的一类 Sobolev 空间可参见文献[60]. 尽管如此,时标上的 Sobolev 空间的研究结果并不多见(参见文献[26]). 因此,本书建立时标上的一类 Sobolev 空间,研究其类似于通常的 Sobolev 空间的一些重要性质,如嵌入定理等. 作为所建立的时标上的 Sobolev 空间的应用,我们在这类 Sobolev 空间上建立几类时标上的微分方程(微分方程系统)边值问题的变分结构,将求其解的存在性和多重性转化为求其对应泛函的临界点的存在性和多重性,从而开辟研究时标上微分方程动力系统的新方法——变分方法.

第2章　时标上的 Sobolev 空间及性质

在本章中,首先陈述时标的相关概念、时标上的微积分的相关概念及性质,然后建立时标上的 Sobolev 空间并研究其重要性质,如嵌入定理等. 在后文中,假设 $0, T \in \mathbb{R}$.

2.1　时标及其微积分的相关概念和性质

时标及其微积分的相关概念和性质的详细介绍可参见文献[2-4, 21, 23, 26]. 我们从前跳跃算子和后跳跃算子开始陈述一些时标及其微积分的重要概念和性质.

定义 2.1(定义 1.1,文献[3])　设 $\mathbb{T}$ 是时标 $t \in \mathbb{T}$, 前跳跃算子 σ:

$\mathbb{T}\to\mathbb{T}$ 定义如下:

$$\sigma(t)=\inf\{s\in\mathbb{T},s>t\}\quad \forall t\in\mathbb{T},$$

而后跳跃算子 $\rho:\mathbb{T}\to\mathbb{T}$ 定义如下:

$$\rho(t)=\sup\{s\in\mathbb{T},s>t\}\quad \forall t\in\mathbb{T},$$

(补充定义 $\inf\varnothing=\sup\mathbb{T},\sup\varnothing=\inf\mathbb{T}$,其中$\varnothing$表示空集). 点 $t\in\mathbb{T}$, 如果 $\sigma(t)>t$, 则称点 t 是右离散的;如果 $\rho(t)>t$, 则称点 t 是左离散的. 既右离散又左离散的点称为孤立点. 如果 $t<\sup\mathbb{T}$ 且 $\sigma(t)=t$, 则称点 t 是右稠密的. 如果 $t>\inf\mathbb{T}$ 且 $\rho(t)=t$, 则称点 t 是左稠密的. 既右稠密又左稠密的点称为稠密点. 通过 $\mathbb{T}$ 定义 $\mathbb{T}^{\kappa}$ 如下:如果 $\mathbb{T}$ 有左离散最大值点 m, 那么 $\mathbb{T}^{k}=\mathbb{T}-\{m\}$; 否则, $\mathbb{T}^{k}=\mathbb{T}$, 再定义位移函数 $\mu:\mathbb{T}\to[0,\infty)$ 如下:

$$\mu(t)=\sigma(t)-t,$$

当 $a,b\in\mathbb{T},a<b$ 时,我们用 $[a,b]_{\mathbb{T}},[a,b)_{\mathbb{T}}$ 和$(a,b]_{\mathbb{T}}$ 表示 $\mathbb{T}$ 中的区间,即

$$[a,b]_{\mathbb{T}}=[a,b]\cap\mathbb{T},[a,b)_{\mathbb{T}}=[a,b)\cap\mathbb{T},(a,b]_{\mathbb{T}}=(a,b]\cap\mathbb{T}.$$

注意,如果 b 是左稠密点,则 $[a,b]_{\mathbb{T}}^{\kappa}=[a,b]_{\mathbb{T}}$; 如果 b 是左离散点,则 $[a,b]_{\mathbb{T}}^{\kappa}=[a,b]_{\mathbb{T}}=[a,\rho(b)]_{\mathbb{T}}$. 我们记 $[a,b]_{\mathbb{T}}^{\kappa^2}=([a,b]_{\mathbb{T}}^{\kappa})^{\kappa}$. 因此,如果 b 是左稠密点,则 $[a,b]_{\mathbb{T}}^{\kappa^2}=[a,b]_{\mathbb{T}}$; 如果 b 是左离散点,则 $[a,b]_{\mathbb{T}}^{\kappa^2}=[a,\rho(b)]_{\mathbb{T}}^{\kappa}$.

定义 2.2(定义 1.10,文献[3]) 假设函数 $f:\mathbb{T}\to\mathbb{R}$, 并且 $t\in\mathbb{T}^{\kappa}$. 定义 $f^{\Delta}(t)$ (如果存在)是具有如下性质的数:给定 $\varepsilon>0$, 存在 t 的邻域 U (即对某一实数 $\varepsilon>0,U=(t-\delta,t+\delta)\cap\mathbb{T}$)使得

$$|[f(\sigma(t))-f(s)]-f^{\Delta}(t)[\sigma(t)-s]|\leqslant\varepsilon|\sigma(t)-s|,\forall s\in U.$$

称 $f^{\Delta}(t)$ 为函数 f 在点 t 处的 Δ- 导数. 函数 f 在 $\mathbb{T}^{\kappa}$ 上是 Δ- 可导的,如果对所有的 $t\in\mathbb{T}^{\kappa}$, $f^{\Delta}(t)$ 都存在. 函数 $f^{\Delta}:\mathbb{T}^{\kappa}\to\mathbb{R}$ 称为函数 f 在 $\mathbb{T}^{\kappa}$ 上的

Δ- 导函数.

定义 2.3　假设函数 f 是 $\mathbb{T}$ 上的 N 维向量值函数,即 $f^i:\mathbb{T}\to\mathbb{R}(i=1,2,\cdots,N)$, $f(t)=(f^1(t),f^2(t),\cdots,f^N(t))$ 且 $t\in\mathbb{T}^\kappa$. 我们定义 $f^\Delta(t)=(f^{1\Delta}(t),f^{2\Delta}(t),\cdots,f^{N\Delta}(t))$(如果存在的话),称 $f^\Delta(t)$ 为函数 f 在点 t 处的 Δ- 导数. 函数 f 在 $\mathbb{T}^\kappa$ 上是 Δ- 可导的,如果对所有的 $t\in\mathbb{T}^\kappa$, $f^\Delta(t)$ 都存在. 函数 $f^\Delta:\mathbb{T}^\kappa\to\mathbb{R}$ 称为函数 f 在 $\mathbb{T}^\kappa$ 上的 Δ- 导函数.

定义 2.4(定义 2.7,文献[3])　对函数 $f:\mathbb{T}\to\mathbb{R}$, 如果函数 f^Δ 在 $\mathbb{T}^{\kappa^2}=(\mathbb{T}^\kappa)^\kappa$ 上是 Δ- 可导的且 $f^{\Delta^2}=(f^\Delta)^\Delta:\mathbb{T}^{\kappa^2}\to\mathbb{R}$, 则称 f 在 $\mathbb{T}^{\kappa^2}$ 上二阶 Δ- 可导.

定义 2.5　对函数 $f:\mathbb{T}\to\mathbb{R}^N$, 如果函数 f^Δ 在 $\mathbb{T}^{\kappa^2}=(\mathbb{T}^\kappa)^\kappa$ 上是 Δ- 可导的且 $f^{\Delta^2}=(f^\Delta)^\Delta:\mathbb{T}^{\kappa^2}\to\mathbb{R}^N$, 则称 f 在 $\mathbb{T}^{\kappa^2}$ 上二阶 Δ- 可导.

定义 2.6　如果函数 $f:\mathbb{T}\to\mathbb{R}^N$ 在 $\mathbb{T}$ 中的右稠密点处连续,且在 $\mathbb{T}$ 中左稠密点处的左极限存在,则称函数 f 是 rd-连续(右稠密连续)的.

定义 2.7(定义 2.25,文献[3])　我们称函数 $\omega:\mathbb{T}\to\mathbb{R}$ 是回归的,如果

$$1+\mu(t)\omega(t)\neq 0,\ t\in\mathbb{T}^\kappa.$$

所有回归的 rd-连续函数 $\omega:\mathbb{T}\to\mathbb{R}$ 的集合记为:

$$\mathfrak{R}=\mathfrak{R}(\mathbb{T})=\mathfrak{R}(\mathbb{T},\mathbb{R}),$$

正回归 rd-连续函数集合记为:

$$\mathfrak{R}^+(\mathbb{T},\mathbb{R})=\{\omega\in\mathfrak{R}:1+\mu(t)\omega(t)>0,\forall t\in\mathbb{T}\}.$$

定义 2.8(定义 8.2.18,文献[21])　如果 $\omega\in\mathfrak{R}$ 且 $t_0\in\mathbb{T}$, 称初值问题

$$y^\Delta=\omega(t)y,y(t_0)=1$$

的唯一解为广义指数函数,记为 $e_\omega(\cdot,t_0)$.

上述广义指数函数具有如下性质:

定理 2.1(定理 2.36,文献[3])　如果 $\omega\in\mathfrak{R}$, 则

(ⅰ) $e_0(t,s)\equiv 1, e_\omega(t,t)\equiv 1$;

(ⅱ) $e_p(\sigma(t),s)=(1+\mu(t)p(t))e_p(t,s)$;

(ⅲ) $\dfrac{1}{e_p(t,s)}=e_{\ominus p}(s,t)$;

(ⅳ) $e_p(t,s)=\dfrac{1}{e_p(t,s)}=e_{\ominus p}(s,t)$;

(ⅴ) $e_p(t,s)e_p(s,r)=e_p(t,r)$;

(ⅵ) $[e_p(t,s)]^\Delta=p(t)e_p(t,s)$;

(ⅶ) $\dfrac{e_p(t,s)}{e_q(t,s)}=e_{p\ominus q}(t,s)$.

为了叙述方便,后文使用下列记号:

$C_{rd}(\mathbb{T})=C_{rd}(\mathbb{T},\mathbb{R}^N)=\{f:\mathbb{T}\to\mathbb{R}^N:f$ 是 rd- 连续的$\}$,

$C_{rd}^1(\mathbb{T})=C_{rd}^1(\mathbb{T},\mathbb{R}^N)=\{f:\mathbb{T}\to\mathbb{R}^N:f$ 在 $\mathbb{T}^\kappa$ 上是 Δ- 可导的且 $f^\Delta\in C_{rd}(\mathbb{T}^\kappa)\}$,

$C_{0,rd}^1([a,b]_{\mathbb{T}},\mathbb{R})=\{f\in C_{rd}^1([a,b]_{\mathbb{T}},\mathbb{R}):f(a)=f(b)=0\}$,

$C_{0,rd}^1([a,b]_{\mathbb{T}},\mathbb{R}^N)=\{f\in C_{rd}^1([a,b]_{\mathbb{T}},\mathbb{R}^N):f(a)=f(b)=0\}$,

$C_{T,rd}^1([0,T]_{\mathbb{T}},\mathbb{R})=\{f\in C_{rd}^1([0,T]_{\mathbb{T}},\mathbb{R}):f(0)=f(T)\}$,

$C_{T,rd}^1([0,T]_{\mathbb{T}},\mathbb{R}^N)=\{f\in C_{rd}^1([0,T]_{\mathbb{T}},\mathbb{R}^N):f(0)=f(T)\}$.

关于时标上的 Δ- 测度 μ_Δ、Δ- 可测集、Δ- 可测函数和 Δ- 积分的相关定义和性质可参见文献[23].而且由文献[49]注(ⅱ)知,在时标上,各种诸如积分控制收敛定理、Fatou 引理等积分收敛定理都成立.

定义 2.9 设 $f:\mathbb{T}\to\mathbb{R}^N$ 是 N 维向量值函数,即

$f(t)=(f^1(t),f^2(t),\cdots,f^N(t)), f^i:\mathbb{T}\to\mathbb{R}(i=1,2,\cdots,N)$,

A 是 $\mathbb{T}$ 中的 Δ- 可测子集. f 在 A 上 Δ- 可积当且仅当 $f^i(i=1,2,\cdots,N)$ 在 A 上 Δ- 可积,并且 $\int_A f(t)\Delta t=\left(\int_A f^1(t)\Delta t,\int_A f^2(t)\Delta t,\cdots,\int_A f^N(t)\Delta t\right)$.

定义 2.10(定义 2.3,文献[26]) 假设 $B\subset\mathbb{T}$. 称 B 是 Δ- 零测度

集,如果$\mu_{\Delta}(B)=0$. 性质 P 在 B 上 Δ- 几乎处处(Δ-*a. e.*)成立指的是存在 Δ- 零测度集 $E_0 \subset B$ 使得性质 P 在 B 或者 E_0 上成立.

定义 2.11(定义 2.4,文献[26]) 假设 $E \subset \mathbb{T}$ 是 Δ- 可测集, $P \in \overline{\mathbb{R}} = [-\infty, +\infty]$ 且 $P \geqslant 1$, 函数 $f: E \to \overline{\mathbb{R}}$ 是 Δ- 可测函数. 当 $P \in \mathbb{R}$ 时, 定义

$$L_{\Delta}^{p}(E,\mathbb{R}) = \left\{ f: f \text{ 是 } E \text{ 上的 } \Delta\text{- 可测函数,且} \int_E |f(t)|^p \Delta t < +\infty \right\},$$

当 $P = +\infty$ 时,定义

$L_{\Delta}^{p}(E,\mathbb{R}) = \{ f: f$ 是 E 上的 Δ- 可测函数,且存在常数 $C > 0$ 使得 $|f| \leqslant C \Delta$-*a. e.* 于 $E \}$.

引理 2.1(定理 2.5,文献[26]) 假设 $P \in \overline{\mathbb{R}}$ 且 $P \geqslant 1$. $\forall f \in L_{\Delta}^{p}([a,b)_{\mathbb{T}},\mathbb{R})$, 赋予其范数为

$$\|f\|_{L_{\Delta}^{p}([a,b)_{\mathbb{T}},\mathbb{R})} = \begin{cases} \left(\int_{([a,b)_{\mathbb{T}}} |f(t)|^p \Delta t \right)^{\frac{1}{p}}, p \in \mathbb{R}, \\ \inf\{ C \in \mathbb{R}: |f(t)| \leqslant C \quad \Delta\text{-}a.\,e.\ t \in [a,b)_{\mathbb{T}} \}, p = +\infty. \end{cases}$$

那么集合 $L_{\Delta}^{p}([a,b)_{\mathbb{T}},\mathbb{R})$ 按通常的加法和数乘规定运算,并且在这个范数下构成一个 Banach 空间. 而且, $L_{\Delta}^{p}([a,b)_{\mathbb{T}},\mathbb{R})$ 关于内积

$$\langle f,g \rangle_{L_{\Delta}^{p}([a,b)_{\mathbb{T}},\mathbb{R})} = \int_{[a,b)_{\mathbb{T}}} f(t) g(t) \Delta t,$$

$$\forall (f,g) \in L_{\Delta}^{p}([a,b)_{\mathbb{T}},\mathbb{R}) \times L_{\Delta}^{p}([a,b)_{\mathbb{T}},\mathbb{R})$$

是一个 Hilbert 空间.

引理 2.2(命题 2.6,文献[26]) 设 $p \in \overline{\mathbb{R}}, p \geqslant 1, p' \in \overline{\mathbb{R}}$, 使得 $\frac{1}{p} + \frac{1}{p'} = 1$, 则当 $f \in L_{\Delta}^{p}([a,b)_{\mathbb{T}},\mathbb{R})$ 且 $g \in L_{\Delta}^{p'}([a,b)_{\mathbb{T}},\mathbb{R})$ 时,有 $fg \in L_{\Delta}^{1}([a,b)_{\mathbb{T}},\mathbb{R})$ 且

$$\|fg\|_{L_{\Delta}^{1}([a,b)_{\mathbb{T}},\mathbb{R})} \leqslant \|f\|_{L_{\Delta}^{p}([a,b)_{\mathbb{T}},\mathbb{R})} \cdot \|g\|_{L_{\Delta}^{p'}([a,b)_{\mathbb{T}},\mathbb{R})}.$$

2.2 时标上的 Sobolev 空间的建立及性质

任意 $p \in \mathbb{R}, p \geqslant 1$, 我们按通常的加法和数乘在集合

$$L_{\Delta}^{p}([0,T)_{\mathbb{T}},\mathbb{R}^{N}) = \left\{u:[0,T)_{\mathbb{T}} \to \mathbb{R}^{N}:\int_{[0,T)_{\mathbb{T}}} |f(t)|^{p}\Delta t < +\infty\right\}$$

中规定运算使其成为实线性空间,并赋予其范数如下:

$$\|f\|_{L_{\Delta}^{p}} = \left(\int_{[0,T)_{\mathbb{T}}} |f(t)|^{p}\Delta t\right)^{\frac{1}{p}}, \forall f \in L_{\Delta}^{p}([0,T)_{\mathbb{T}},\mathbb{R}^{N}).$$

此时, $L_{\Delta}^{p}([0,T)_{\mathbb{T}},\mathbb{R}^{N})$ 就是一个线性赋范空间. 关于这一线性赋范空间,我们得到如下重要性质.

定理 2.2 设 $p \in \mathbb{R}$ 且 $p \geqslant 1$. 则空间 $L_{\Delta}^{p}([0,T)_{\mathbb{T}},\mathbb{R}^{N})$ 关于范数 $\|\cdot\|_{L_{\Delta}^{p}}$ 是一个 Banach 空间. 而且空间 $L_{\Delta}^{2}([0,T)_{\mathbb{T}},\mathbb{R}^{N})$ 关于内积

$$\langle f,g\rangle_{L_{\Delta}^{2}} = \int_{[a.b)_{\mathbb{T}}} (f(t), g(t))\Delta t,$$

$$\forall (f,g) \in L_{\Delta}^{p}([0,T)_{\mathbb{T}},\mathbb{R}^{N}) \times L_{\Delta}^{p}([0,T)_{\mathbb{T}},\mathbb{R}^{N})$$

是 Hilbert 空间,其中 $(\cdot,\cdot)$ 表示 $\mathbb{R}^{N}$ 中的内积.

证明 设 $\{u_n\}_{n\in N} \subset L_{\Delta}^{2}([0,T)_{\mathbb{T}},\mathbb{R}^{N})$ 是柯西列,则 $u_n(t)$ 可表示为 $u_n(t) = (u_n^1(t),u_n^2(t),\cdots,u_n^N(t))$, 且有

$$\|u_m - u_n\|_{L_{\Delta}^{p}} = \left(\int_{[0,T)_{\mathbb{T}}} |u_n(t) - u_m(t)|^{p}\Delta t\right)^{\frac{1}{p}}$$

$$= \left(\int_{[0,T)_{\mathbb{T}}} \left(\sum_{i=1}^{N} \mid u_n^i(t) - u_m^i(t) \mid^2 \right)^{\frac{p}{2}} \Delta t \right)^{\frac{1}{p}} \to 0 \quad (m,n \to \infty) \tag{2.3.1}$$

由式(2.3.1)可得,对任意 $i \in \{1,2,\cdots,N\}$,有

$$\|u_m^i - u_n^i\|_{L_\Delta^p([a,b)_{\mathbb{T}},\mathbb{R})}$$

$$= \left(\int_{[0,T)_{\mathbb{T}}} \mid u_n^i(t) - u_m^i(t) \mid^p \Delta t \right)^{\frac{1}{p}} \to 0 \quad (m,n \to \infty).$$

因此,$\{u_n^i\}_{n \in N}(i = 1,2,\cdots,N)$ 是 $L_\Delta^p([0,T)_{\mathbb{T}},\mathbb{R})$ 中的柯西列. 由引理 2.1 可知,存在 $\bar{u}^i \in L_\Delta^P([0,T)_{\mathbb{T}},\mathbb{R})(i = 1,2,\cdots,N)$ 使得

$$\|u_n^i - \bar{u}^i\|_{L_\Delta^p([0,T)_{\mathbb{T}},\mathbb{R})} \to 0 \quad (n \to \infty). \tag{2.3.2}$$

令 $\bar{u}(t) = (\bar{u}^1(t), \bar{u}^2(t), \cdots, \bar{u}^N(t))$,则有

$$\int_{[0,T)_{\mathbb{T}}} \mid \bar{u} \mid^p \Delta t = \int_{[0,T)_{\mathbb{T}}} \left(\sum_{i=1}^{N} \mid \bar{u}^i \mid^2 \right)^{\frac{p}{2}} \Delta t$$

$$\leqslant N^{\frac{p}{2}} \int_{[0,T)_{\mathbb{T}}} \sum_{i=1}^{N} \mid \bar{u}^i \mid^p \Delta t$$

$$= N^{\frac{p}{2}} \sum_{i=1}^{N} \int_{[0,T)_{\mathbb{T}}} \mid \bar{u}^i \mid^p \Delta t < +\infty,$$

故 $\bar{u} \in L_\Delta^p([0,T)_{\mathbb{T}},\mathbb{R}^N)$. 另一方面,由式(2.3.2)得

$$\int_{[0,T)_{\mathbb{T}}} \mid u_n(t) - \bar{u}(t) \mid^p \Delta t = \int_{[0,T)_{\mathbb{T}}} \left(\sum_{i=1}^{N} \mid u_n^i(t) - \bar{u}^i(t) \mid^2 \right)^{\frac{p}{2}} \Delta t$$

$$\leqslant N^{\frac{p}{2}} \int_{[0,T)_{\mathbb{T}}} \sum_{i=1}^{N} \mid u_n^i(t) - \bar{u}^i(t) \mid^p \Delta t$$

$$= N^{\frac{p}{2}} \sum_{i=1}^{N} \int_{[0,T)_{\mathbb{T}}} \mid u_n^i(t) - \bar{u}^i(t) \mid^p \Delta t$$

$$= N^{\frac{p}{2}} \sum_{i=1}^{N} \|u_n^i - \bar{u}^i\|_{L_\Delta^p([a,b)_{\mathbb{T}},R)}^p$$

$$\to 0 (n \to \infty). \tag{2.3.3}$$

由式(2.3.3)得,$u_n \to \bar{u}$(在 $L_\Delta^p([0,T)_{\mathbb{T}},\mathbb{R}^N)$ 中收敛). 因此空间 $L_\Delta^p([0,$

$T)_{\mathbb{T}},\mathbb{R}^N)$ 关于范数 $\|\cdot\|_{L^p_\Delta}$ 是 Banach 空间.

由本定理的已证部分可知,空间 $L^2_\Delta([a,b)_{\mathbb{T}},\mathbb{R}^N)$ 关于

$$\langle f,g\rangle_{L^2_\Delta}=\int_{[a,b)_{\mathbb{T}}}(f(t),\ g(t))\Delta t,$$

$$\forall(f,g)\in L^p_\Delta([a,b)_{\mathbb{T}},\mathbb{R}^N)\times L^p_\Delta([a,b)_{\mathbb{T}},\mathbb{R}^N)$$

是 Hilbert 空间.

在通常的 Sobolev 空间理论中,绝对连续函数是一类比较重要的函数.类似的,我们给出时标上绝对连续函数的概念.

定义 2.12(定义 2.9,文献[26]) 对于函数 $f:[a,b]_{\mathbb{T}}\to\mathbb{R}$,如果对任何 $\varepsilon>0$,存在 $\delta>0$,使对 $[a,b]_{\mathbb{T}}$ 中互不相交的任意有限个子区间 $\{[a_k,b_k)_{\mathbb{T}}\}_{k=1}^n$,只要 $\sum\limits_{k=1}^n(a_k-b_k)<\delta$ 就有 $\sum\limits_{k=1}^n|f(b_k)-f(a_k)|<\varepsilon$,则称函数 f 为 $[a,b]_{\mathbb{T}}$ 上的绝对连续函数,记作 $f\in AC([a,b]_{\mathbb{T}},\mathbb{R})$.

定义 2.13 对于函数 $f:[a,b]_{\mathbb{T}}\to\mathbb{R}^N$, $f(t)=(f^1(t),f^2(t),\cdots,f^N(t))$,如果对任何 $\varepsilon>0$,存在 $\delta>0$,使得对 $[a,b]_{\mathbb{T}}$ 中互不相交的任意有限个子区间 $\{[a_k,b_k)_{\mathbb{T}}\}_{k=1}^n$,只要 $\sum\limits_{k=1}^n(a_k-b_k)<\delta$ 就有 $\sum\limits_{k=1}^n|f(b_k)-f(a_k)|<\varepsilon$,则称函数 f 为 $[a,b]_{\mathbb{T}}$ 上的绝对连续函数,记作 $f\in AC([a,b]_{\mathbb{T}},\mathbb{R}^N)$.

注 2.1 由定义 2.12 和定义 2.13 易知,$f\in AC([a,b]_{\mathbb{T}},\mathbb{R}^N)$ 当且仅当 $f^i\in AC([a,b]_{\mathbb{T}},\mathbb{R})(i=1,2,\cdots,N)$.

绝对连续函数具有如下性质.

引理 2.3(定理 2.10,文献[26]) 函数 $f:[a,b]_{\mathbb{T}}\to\mathbb{R}$ 是 $[a,b]_{\mathbb{T}}$ 上的绝对连续函数,当且仅当 f 在 $[a,b]_{\mathbb{T}}$ 上 Δ- 几乎处处 Δ- 可导,$f^\Delta\in L^1_\Delta([a,b)_{\mathbb{T}},\mathbb{R})$ 且

$$f(t)=f(a)+\int_{[a,t)_{\mathbb{T}}}f^\Delta(s)\Delta s,\ \forall t\in[a,b]_{\mathbb{T}}.$$

引理 2.4（定理 2.11，文献[26]）　如果函数 $f,g:[a,b]_{\mathbb{T}}\to\mathbb{R}$ 是 $[a,b]_{\mathbb{T}}$ 上的绝对连续函数，那么 fg 也是 $[a,b]_{\mathbb{T}}$ 上的绝对连续函数且下列等式成立，

$$\int_{[a,b)_{\mathbb{T}}}(f^{\Delta}g+f^{\sigma}g^{\Delta})(t)\Delta t=f(b)g(b)-f(a)g(a)$$

$$=\int_{[a,b)_{\mathbb{T}}}(fg^{\Delta}+f^{\Delta}g^{\sigma})(t)\Delta t.$$

通过定义 2.3、定义 2.9、引理 2.3 和引理 2.4 得到如下定理.

定理 2.3　函数 $f:[a,b]_{\mathbb{T}}\to\mathbb{R}^{N}$ 是 $[a,b]_{\mathbb{T}}$ 上的绝对连续函数当且仅当 f 在 $[a,b]_{\mathbb{T}}$ 上 Δ- 几乎处处 Δ- 可导，$f^{\Delta}\in L_{\Delta}^{1}([a,b]_{\mathbb{T}},\mathbb{R}^{N})$，且

$$f(t)=f(a)+\int_{[a,t)_{\mathbb{T}}}f^{\Delta}(s)\Delta s,\ \forall t\in[a,b]_{\mathbb{T}}.$$

定理 2.4　如果函数 $f,g:[a,b]_{\mathbb{T}}\to\mathbb{R}^{N}$ 是 $[a,b]_{\mathbb{T}}$ 上的绝对连续函数，那么 $f\cdot g$ 也是 $[a,b]_{\mathbb{T}}$ 上的绝对连续函数且下列等式成立，

$$\int_{[a,b)_{\mathbb{T}}}((f^{\Delta}(t),g(t))+(f^{\sigma}(t),g^{\Delta}(t)))\Delta t$$

$$=(f(b),g(b))-(f(a),g(a))$$

$$=\int_{[a,b)_{\mathbb{T}}}((f(t),g^{\Delta}(t))+(f^{\Delta}(t),g^{\sigma}(t)))\Delta t$$

现在，定义 $[0,T]_{\mathbb{T}}$ 上的 Sobolev 空间. 为了叙述方便，在后文中，我们记 $u^{\sigma}(t)=u(\sigma(t))$.

定义 2.14　设 $p\in\mathbb{R}$ 且 $p\geqslant 1$，定义集合 $W_{\Delta,T}^{1,p}([0,T]_{\mathbb{T}},\mathbb{R}^{N})$ 如下：

$u:[0,T]_{\mathbb{T}}\to\mathbb{R}^{N}$，$u\in W_{\Delta,T}^{1,p}([0,T]_{\mathbb{T}},\mathbb{R}^{N})$ 当且仅当 $u\in L_{\Delta}^{p}([0,T)_{\mathbb{T}},\mathbb{R}^{N})$，并且存在 $g:[0,T]_{\mathbb{T}}^{\kappa}\to\mathbb{R}^{N}$ 使得 $g\in L_{\Delta}^{p}([0,T)_{\mathbb{T}},\mathbb{R}^{N})$，

$$\int_{[0,T)_{\mathbb{T}}}(u(t),\varphi^{\Delta}(t))\Delta t$$

$$=-\int_{[0,T)_{\mathbb{T}}}(g(t),\varphi^{\sigma}(t))\Delta t,\ \forall\varphi\in C_{T,rd}^{1}([0,T]_{\mathbb{T}},\mathbb{R}^{N}).\qquad(2.3.4)$$

对任意 $p \in \mathbb{R}, p \geqslant 1$，记

$$V_{\Delta,T}^{1,p}([0,T]_{\mathbb{T}},\mathbb{R}^N) = \{x \in AC([0,T]_{\mathbb{T}},\mathbb{R}^N) : x^{\Delta} \in L_{\Delta}^{p}([0,T)_{\mathbb{T}},\mathbb{R}^N),\ x(0) = x(T)\}.$$

注 2.2 由定理 2.3、定理 2.4 和定义 2.14 易知，任意 $p \in \mathbb{R}$ 且 $p \geqslant 1$，有

$$V_{\Delta,T}^{1,p}([0,T]_{\mathbb{T}},\mathbb{R}^N) \subset W_{\Delta,T}^{1,p}([0,T]_{\mathbb{T}},\mathbb{R}^N).$$

下面将证明如果把 $W_{\Delta,T}^{1,p}([0,T]_{\mathbb{T}},\mathbb{R}^N)$ 中的函数和其绝对连续表示等同看待，那么 $W_{\Delta,T}^{1,p}([0,T]_{\mathbb{T}},\mathbb{R}^N)$ 和 $V_{\Delta,T}^{1,p}([0,T]_{\mathbb{T}},\mathbb{R}^N)$ 是相等的. 为了证明这一结果，我们需要下面的引理和定理.

引理 2.5(引理 3.3，文献[26]) 如果 $f \in L_{\Delta}^{p}([0,T)_{\mathbb{T}},\mathbb{R}^N)$，那么等式

$$\int_{[a,b)_{\mathbb{T}}} f(t) h^{\Delta}(t) \Delta t = 0, \forall h \in C_{0,rd}^{1}([a,b]_{\mathbb{T}},\mathbb{R})$$

成立的一个充分必要条件是，存在常数 $C \in \mathbb{R}$，使得

$$f \equiv C \quad \Delta\text{-}a.e. \text{ 于}[a,b)_{\mathbb{T}}.$$

定理 2.5 如果 $f \in L_{\Delta}^{1}([0,T)_{\mathbb{T}},\mathbb{R}^N)$，那么等式

$$\int_{[0,T)_{\mathbb{T}}} (f(t), h^{\Delta}(t)) \Delta t = 0, \forall h \in C_{T,rd}^{1}([0,T]_{\mathbb{T}},\mathbb{R}^N)$$

成立的一个充分必要条件是，存在 $C \in \mathbb{R}^N$，使得

$$f \equiv C \quad \Delta\text{-}a.e. \text{ 于}[0,T)_{\mathbb{T}}.$$

证明 由定义 2.9 知，$f \in L_{\Delta}^{1}([0,T)_{\mathbb{T}},\mathbb{R}^N)$，$f(t) = (f^1(t), f^2(t), \cdots, f^N(t))$ 蕴含 $f^i \in L_{\Delta}^{1}([0,T)_{\mathbb{T}},\mathbb{R})$ $(i=1,2,\cdots,N)$. 必要性可由时标上的微积分基本定理直接得出. 下证充分性.

$\forall h_1 \in C_{T,rd}^{1}([0,T]_{\mathbb{T}},\mathbb{R})$，令 $h(t) = (h_1(t), 0, \cdots, 0)$，则有 $h \in C_{T,rd}^{1}([0,T]_{\mathbb{T}},\mathbb{R}^N)$，

而且

$$\int_{[0,T)_{\mathbb{T}}}(f(t),h^{\Delta}(t))\Delta t=0.$$

即

$$\int_{[0,T)_{\mathbb{T}}}f^{1}(t)h^{1\Delta}(t)\Delta t=0.$$

因为 $C_{0,rd}^{1}([0,T]_{\mathbb{T}},\mathbb{R})\subset C_{T,rd}^{1}([0,T]_{\mathbb{T}},\mathbb{R})$，由引理 2.5 知，存在 $C^{1}\in\mathbb{R}$，使得

$$f^{1}\equiv C^{1}\quad \Delta\text{-}a.\,e.\ \text{于}[0,T)_{\mathbb{T}}.$$

类似地，存在 $C^{i}\in\mathbb{R}(i=2,3,\cdots,N)$，使得

$$f^{i}\equiv C^{i}\quad \Delta\text{-}a.\,e.\ \text{于}[0,T)_{\mathbb{T}}.$$

所以

$$f\equiv(C^{1},C^{2},\cdots,C^{N})\quad \Delta\text{-}a.\,e.\ \text{于}[0,T)_{\mathbb{T}}.$$

现在证明在将 $W_{\Delta,T}^{1,p}([0,T]_{\mathbb{T}},\mathbb{R}^{N})$ 中的函数和其绝对连续表示等同看待的意义下，$W_{\Delta,T}^{1,p}([0,T]_{\mathbb{T}},\mathbb{R}^{N})=V_{\Delta,T}^{1,p}([0,T]_{\mathbb{T}},\mathbb{R}^{N})$. ■

定理 2.6　设 $u\in W_{\Delta,T}^{1,p}([0,T]_{\mathbb{T}},\mathbb{R}^{N})(p\in\mathbb{R},\ p\geqslant 1)$，并且式(2.3.4)对某个 $g\in L_{\Delta}^{p}([0,T)_{\mathbb{T}},\mathbb{R}^{N})$ 成立. 则存在唯一的 $x\in V_{\Delta,T}^{1,p}([0,T]_{\mathbb{T}},\mathbb{R}^{N})$ 使得

$$x(t)\equiv u(t),x^{\Delta}(t)=g(t)\quad \Delta\text{-}a.\,e.\ t\in[0,T)_{\mathbb{T}}. \tag{2.3.5}$$

证明　设 $\{e_j\}_{j=1}^{N}$ 是 $\mathbb{R}^{N}$ 的正交基，在式(2.3.4)中取 $\varphi=e_j$ 得

$$\int_{[0,T)_{\mathbb{T}}}(g(t),e_j)\Delta t=0\quad (j=1,2,\cdots,N).$$

因此，

$$\int_{[0,T)_{\mathbb{T}}}g(t)\Delta t=0. \tag{2.3.6}$$

定义 $v:[0,T]_{\mathbb{T}}\to\mathbb{R}^{N}$ 如下，

$$v(t)=\int_{[0,t)_{\mathbb{T}}}g(s)\Delta s. \tag{2.3.7}$$

由式(2.3.6)和式(2.3.7)知 $v \in V_{\Delta,T}^{1,p}([0,T]_{\mathbb{T}},\mathbb{R}^N)$. 再由定理 2.4 知,对任意的 $h \in C_{T,rd}^1([0,T]_{\mathbb{T}},\mathbb{R}^N)$,

$$\int_{[0,T)_{\mathbb{T}}}(v(t)-u(t),h^{\Delta}(t))\Delta t=\int_{[0,T)_{\mathbb{T}}}(v^{\Delta}(t)-g(t),h^{\sigma}(t))\Delta t. \tag{2.3.8}$$

利用定理 2.5 及式(2.3.8)可知,存在 $C_0 \in \mathbb{R}^N$ 使得 $v-u\equiv C_0$ 在 $[0,T)_{\mathbb{T}}$ 上 Δ- 几乎处处成立. 定义 $x:[0,T]_{\mathbb{T}}\to\mathbb{R}^N$ 如下,

$$x(t)=v(t)-C_0,\ \forall t\in[0,T]_{\mathbb{T}}.$$

易知 $x\in V_{\Delta,T}^{1,p}([0,T]_{\mathbb{T}},\mathbb{R}^N)$ 且满足式(2.3.5). 显然,这样的 x 是唯一的. ■

引理 2.6(定理 1.16,文献[3]) 设 $f:\mathbb{T}\to\mathbb{R}$ 且 $t\in\mathbb{T}^{\kappa}$,则下列结论成立:

(i)如果 f 在点 t 处 Δ- 可导,则 f 在点 t 处连续.

(ii)如果 t 是右离散点,f 在点 t 处连续,那么 f 在点 t 处 Δ- 可导且

$$f^{\Delta}(t)=\frac{f(\sigma(t))-f(t)}{\mu(t)}.$$

(iii)如果 t 是右稠密点,则 f 在点 t 处 Δ- 可导当且仅当

$$\lim_{s\to t}\frac{f(t)-f(s)}{t-s}$$

存在. 此时,

$$f^{\Delta}(t)=\lim_{s\to t}\frac{f(t)-f(s)}{t-s}.$$

(iv)如果 f 在点 t 处 Δ- 可导,那么

$$f(\sigma(t))=f(t)+\mu(t)f^{\Delta}(t).$$

如果将 $u\in W_{\Delta,T}^{1,p}([0,T]_{\mathbb{T}},\mathbb{R}^N)$ 和其在 $V_{\Delta,T}^{1,p}([0,T]_{\mathbb{T}},\mathbb{R}^N)$ 中关于式(2.3.5)的连续表示 x 等同看待,则可按通常的加法和数乘在集合 $W_{\Delta,T}^{1,p}([0,T]_{\mathbb{T}},\mathbb{R}^N)$ 上规定运算,并赋予其一个范数结构使其成为 Banach

空间,即如下定理:

定理 2.7　设 $p \in \mathbb{R}$ 且 $p \geqslant 1$. 按通常的加法和数乘在集合 $W_{\Delta,T}^{1,p}([0,T]_{\mathbb{T}},\mathbb{R}^N)$ 中规定运算,并赋予其范数如下:

$$\|u\|_{W_{\Delta,T}^{1,p}} = \left(\int_{[0,T]_{\mathbb{T}}} |u^{\sigma}(t)|^{p}\Delta t + \int_{[0,T]_{\mathbb{T}}} |u^{\Delta}(t)|^{p}\Delta t\right)^{\frac{1}{p}},$$

$$\forall u \in W_{\Delta,T}^{1,p}([0,T]_{\mathbb{T}},\mathbb{R}^N). \tag{2.3.9}$$

则空间 $W_{\Delta,T}^{1,p}([0,T]_{\mathbb{T}},\mathbb{R}^N)$ 是 Banach 空间. 特别地,空间 $W_{\Delta,T}^{1,2}([0,T]_{\mathbb{T}},\mathbb{R}^N)$ 关于内积

$$\langle u,v\rangle_{H_{\Delta,T}^{1}} = \int_{[0,T)_{\mathbb{T}}}(u^{\sigma}(t),v^{\sigma}(t))\Delta t + \int_{[0,T)_{\mathbb{T}}}(u^{\Delta}(t),v^{\Delta}(t))\Delta t,$$

$$\forall u,v \in W_{\Delta,T}^{1,2}([0,T]_{\mathbb{T}},\mathbb{R}^N)$$

是 Hilbert 空间.

证明　设 $\{u_n\}_{n\in\mathbb{N}}$ 是空间 $W_{\Delta,T}^{1,p}([0,T]_{\mathbb{T}},\mathbb{R}^N)$ 中的柯西列,即

$\{u_n\}_{n\in\mathbb{N}} \in L_{\Delta}^{p}([0,T)_{\mathbb{T}},\mathbb{R}^N)$ 且存在, $g_n:[0,T]_{\mathbb{T}}^{\kappa} \to \mathbb{R}^N$, $\{g_n\}_{n\in\mathbb{N}} \in L_{\Delta}^{p}([0,T)_{\mathbb{T}},\mathbb{R}^N)$ 使得

$$\int_{[0,T)_{\mathbb{T}}}(u_n(t),\varphi^{\Delta}(t))\Delta t = -\int_{[0,T)_{\mathbb{T}}}(g_n(t),\varphi^{\sigma}(t))\Delta t,$$

$$\forall \varphi \in C_{T,rd}^{1}([0,T]_{\mathbb{T}},\mathbb{R}^N). \tag{2.3.10}$$

由定理 2.6 知,存在 $\{x_n\}_{n\in\mathbb{N}} \subset V_{\Delta,T}^{1,p}([0,T]_{\mathbb{T}},\mathbb{R}^N)$ 使得

$$x_n(t) \equiv u_n(t), x_n^{\Delta}(t) = g_n(t) \quad \Delta\text{-}a.\,e.\ t \in [0,T)_{\mathbb{T}}. \tag{2.3.11}$$

再利用式(2.3.10)及式(2.3.11)得出

$$\int_{[0,T)_{\mathbb{T}}}(x_n(t),\varphi^{\Delta}(t))\Delta t = -\int_{[0,T)_{\mathbb{T}}}(x_n^{\Delta}(t),\varphi^{\sigma}(t))\Delta t,$$

$$\forall \varphi \in C_{T,rd}^{1}([0,T]_{\mathbb{T}},\mathbb{R}^N). \tag{2.3.12}$$

因为 $\{u_n\}_{n\in\mathbb{N}}$ 是 $W_{\Delta,T}^{1,p}([0,T]_{\mathbb{T}},\mathbb{R}^N)$ 中的柯西列，由式(2.3.9)可得，

$$\int_{[0,T)_{\mathbb{T}}} |u_n^{\sigma}(t)-u_m^{\sigma}(t)|^2\Delta t\to 0\quad(m,n\to\infty),\qquad(2.3.13)$$

$$\int_{[0,T)_{\mathbb{T}}} |u_n^{\Delta}(t)-u_m^{\Delta}(t)|^2\Delta t\to 0\quad(m,n\to\infty).\qquad(2.3.14)$$

由引理 2.6、式(2.3.3)及式(2.3.14)可得

$$\begin{aligned}&\int_{[0,T)_{\mathbb{T}}} |u_n(t)-u_m(t)|^2\Delta t\\&=\int_{[0,T)_{\mathbb{T}}} |(u_n^{\sigma}(t)-u_m^{\sigma}(t))-\mu(t)(u_n^{\Delta}(t)-u_m^{\Delta}(t))|^2\Delta t\\&\leqslant 2\int_{[0,T)_{\mathbb{T}}} |u_n^{\sigma}(t)-u_m^{\sigma}(t)|^2\Delta t+\\&\quad 2\sigma(T)^2\int_{[0,T)_{\mathbb{T}}} |u_n^{\Delta}(t)-u_m^{\Delta}(t)|^2\Delta t\to 0\quad(m,n\to\infty).\end{aligned}\qquad(2.3.15)$$

另一方面，由定理 2.2、式(2.3.14)和式(2.3.15)知，存在 $u,g\in L_{\Delta}^{p}([0,T]_{\mathbb{T}},\mathbb{R}^N)$ 使得

$$\|u_n-u\|_{L_{\Delta}^p}\to 0\quad(n\to\infty),\quad \|u_n^{\Delta}-g\|_{L_{\Delta}^p}\to 0\quad(n\to\infty).\qquad(2.3.16)$$

然后由式(2.3.12)和式(2.3.16)可得

$$\int_{[0,T)_{\mathbb{T}}}(u_n(t),\varphi^{\Delta}(t))\Delta t=-\int_{[0,T)_{\mathbb{T}}}(g(t),\varphi^{\sigma}(t))\Delta t,$$
$$\forall\varphi\in C_{T,rd}^{1}([0,T]_{\mathbb{T}},\mathbb{R}^N).\qquad(2.3.17)$$

由式(2.3.17)知，我们断言 $u\in W_{\Delta,T}^{1,p}([0,T]_{\mathbb{T}},\mathbb{R}^N)$. 而且，利用定理 2.6 和式(2.3.16)得出，

$$\begin{aligned}&\int_{[0,T)_{\mathbb{T}}} |u_n^{\sigma}(t)-u^{\sigma}(t)|^2\Delta t\\&=\int_{[0,T)_{\mathbb{T}}} |(u_n(t)-u(t))+\mu(t)(u_n^{\Delta}(t)-u_m^{\Delta}(t))|^2\Delta t\end{aligned}$$

$$
\begin{aligned}
&= \int_{[0,T)_{\mathbb{T}}} \left| (u_n(t) - u(t)) + \mu(t)(u_n^{\Delta}(t) - g(t)) \right|^2 \Delta t \\
&\leqslant 2\int_{[0,T)_{\mathbb{T}}} |u_n(t) - u(t)|^2 \Delta t + 2(\sigma(T))^2 \int_{[0,T)_{\mathbb{T}}} |u_n^{\Delta}(t) - g(t)|^2 \Delta t \\
&\to 0 (n \to \infty).
\end{aligned}
\tag{2.3.18}
$$

因此,由注 2.2、式(2.3.16)、式(2.3.18)及定理 2.6 可知,存在 $x \in V_{\Delta,T}^{1,p}([0,T]_{\mathbb{T}},\mathbb{R}^N) \subset W_{\Delta,T}^{1,p}([0,T]_{\mathbb{T}},\mathbb{R}^N)$ 使得

$$\|u_n - x\|_{W_{\Delta,T}^{1,p}} \to 0 \quad (n \to \infty).$$

显然,空间 $W_{\Delta,T}^{1,p}([0,T]_{\mathbb{T}},\mathbb{R}^N)$ 关于内积

$$\langle u,v \rangle_{H_{\Delta,T}^1} = \int_{[0,T)_{\mathbb{T}}} (u^{\sigma}(t),v^{\sigma}(t))\Delta t + \int_{[0,T)_{\mathbb{T}}} (u^{\Delta}(t),v^{\Delta}(t))\Delta t,$$

$$\forall u,v \in H_{\Delta,T}^1$$

是 Hilbert 空间. ■

在后文中,记 $H_{\Delta,T}^1 = W_{\Delta,T}^{1,2}([0,T]_{\mathbb{T}},\mathbb{R}^N)$.

下面证明 Banach 空间 $W_{\Delta,T}^{1,p}([0,T]_{\mathbb{T}},\mathbb{R}^N)$ 的重要性质.

引理 2.7(定理 A.2,文献[23]) 设 $f:[a,b]_{\mathbb{T}} \to \mathbb{R}$ 在 $[a,b]_{\mathbb{T}}$ 上连续,在 $[a,b]_{\mathbb{T}}$ 上 Δ- 可导. 则存在 $\xi,\tau \in [a,b)_{\mathbb{T}}$ 使得

$$f^{\Delta}(\tau) \leqslant \frac{f(b) - f(a)}{b - a} \leqslant f^{\Delta}(\xi).$$

定理 2.8 存在 $K = K(p) > 0$ 使得不等式

$$\|u\|_{\infty} \leqslant K\|u^{\Delta}\|_{W_{\Delta,T}^{1,p}} \tag{2.3.19}$$

对所有 $u \in W_{\Delta,T}^{1,p}([0,T]_{\mathbb{T}},\mathbb{R}^N)$ 都成立,其中 $\|u\|_{\infty} = \max_{t\in[0,T]_{\mathbb{T}}} |u(t)|$.

而且,如果 $\int_{[0,T)_{\mathbb{T}}} u(t)\Delta t = 0$,那么

$$\|u\|_{\infty} \leqslant K\|u^{\Delta}\|_{L_{\Delta}^p}. \tag{2.3.20}$$

证明 由于在 $\mathbb{R}^N$ 中,向量收敛等价于其坐标收敛,故不妨假设 $N = 1$. 如果 $u \in W_{\Delta,T}^{1,p}([0,T]_{\mathbb{T}},\mathbb{R}^N)$,由定理 2.6 知,$U(t) = \int_{[0,t)_{\mathbb{T}}} u(s)\Delta s$,在

$[a,b]_{\mathbb{T}}$ 上绝对连续.

由引理 2.7 知,存在 $\xi \in [a,b)_{\mathbb{T}}$ 使得

$$u(\zeta) \leqslant \frac{U(T)-U(0)}{T}\frac{1}{T}\int_{[0,T)_{\mathbb{T}}} u(s)\Delta s. \qquad (2.3.21)$$

因此,对任意的 $t \in [a,b]_{\mathbb{T}}$, 利用引理 2.2、引理 2.3 和式(2.3.21),有

$$\begin{aligned}|u(t)| &= \left|u(\zeta)+\int_{[\zeta,t)_{\mathbb{T}}} u^{\Delta}(s)\Delta s\right| \\ &\leqslant |u(\zeta)|+\int_{[0,T)_{\mathbb{T}}}|u^{\Delta}(s)|\Delta s \\ &\leqslant \frac{1}{T}\left|\int_{[0,T)_{\mathbb{T}}} u(s)\Delta s\right|+T^{\frac{1}{q}}\left(\int_{[0,T)_{\mathbb{T}}}|u^{\Delta}(s)|^{p}\Delta s\right)^{\frac{1}{p}}, \qquad (2.3.22)\end{aligned}$$

其中 $\frac{1}{p}+\frac{1}{q}=1$. 如果 $\int_{[0,T)_{\mathbb{T}}} u(t)\Delta t=0$, 式(2.3.20)可由式(2.3.22)得出. 一般地,对任意 $t \in [0,T]_{\mathbb{T}}$, 应用引理 2.6 和 Hölder's 不等式

$$\begin{aligned}|u(t)| &\leqslant \frac{1}{T}\left|\int_{[0,T)_{\mathbb{T}}} u(s)\Delta s\right|+T^{\frac{1}{q}}\left(\int_{[0,T)_{\mathbb{T}}}|u^{\Delta}(s)|^{p}\Delta s\right)^{\frac{1}{p}} \\ &\leqslant \frac{1}{T}\int_{[0,T)_{\mathbb{T}}}|u(s)|\Delta s+T^{\frac{1}{q}}\left(\int_{[0,T)_{\mathbb{T}}}|u^{\Delta}(s)|^{p}\Delta s\right)^{\frac{1}{p}} \\ &= \frac{1}{T}\int_{[0,T)_{\mathbb{T}}}|u^{\sigma}(s)-\mu(s)u^{\Delta}(s)|\Delta s+T^{\frac{1}{q}}\left(\int_{[0,T)_{\mathbb{T}}}|u^{\Delta}(s)|^{p}\Delta s\right)^{\frac{1}{p}} \\ &= \frac{1}{T}\int_{[0,T)_{\mathbb{T}}}|u^{\sigma}(s)|\Delta s+\frac{1}{T}\sigma(T)\int_{[0,T)_{\mathbb{T}}}|u^{\Delta}(s)|^{p}\Delta s+ \\ &\quad T^{\frac{1}{q}}\left(\int_{[0,T)_{\mathbb{T}}}|u^{\Delta}(s)|^{p}\Delta s\right)^{\frac{1}{p}} \\ &\leqslant T^{\left(-\frac{1}{p}\right)}\left(\int_{[0,T)_{\mathbb{T}}}|u^{\sigma}(s)|^{p}\Delta s\right)^{\frac{1}{p}}+T^{\left(-\frac{1}{p}\right)}\sigma(T). \\ &\quad \left(\int_{[0,T)_{\mathbb{T}}}|u^{\Delta}(s)|^{p}\Delta s\right)^{\frac{1}{p}}+T^{\frac{1}{q}}\left(\int_{[0,T)_{\mathbb{T}}}|u^{\Delta}(s)|^{p}\Delta s\right)^{\frac{1}{p}}\end{aligned}$$

$$\leqslant \left(T^{\left(-\frac{1}{p}\right)}+T^{\left(-\frac{1}{p}\right)}\sigma(T)+T^{\frac{1}{q}}\right)\|u\|_{W_{\Delta,T}^{1,p}}. \tag{2.3.23}$$

由式(2. 3. 23)知,式(2. 3. 19)成立. ■

注 2.3　由定理 2.8 知 $W_{\Delta,T}^{1,p}([0,T]_{\mathbb{T}},\mathbb{R}^N)$ 可连续嵌入 $C([0,T]_{\mathbb{T}},\mathbb{R}^N)$ 中,其中 $C([0,T]_{\mathbb{T}},\mathbb{R}^N)$ 取范数 $\|\cdot\|_\infty$.

定理 2.9　如果序列 $\{u_k\}_{k\in\mathbb{N}}\subset W_{\Delta,T}^{1,p}([0,T]_{\mathbb{T}},\mathbb{R}^N)$ 在 $W_{\Delta,T}^{1,p}([0,T]_{\mathbb{T}},\mathbb{R}^N)$ 中弱收敛于 u, 那么 $\{u_k\}_{k\in\mathbb{N}}$ 在 $C([0,T]_{\mathbb{T}},\mathbb{R}^N)$ 中强收敛于 u.

证明　因为 $u_k\xrightarrow{弱}u$, 所以 $\{u_k\}_{k\in\mathbb{N}}$ 在 $W_{\Delta,T}^{1,p}([0,T]_{\mathbb{T}},\mathbb{R}^N)$ 中有界,进而在 $C([0,T]_{\mathbb{T}},\mathbb{R}^N)$ 中也有界. 由注 2. 3 知, $\{u_k\}$ 在 $C([0,T]_{\mathbb{T}},\mathbb{R}^N)$ 中弱收敛于 u. 对任意 $t_1,t_2\in[0,T]_{\mathbb{T}},t_1\leqslant t_2$ 存在 $C_1>0$ 使得

$$\begin{aligned}
|u_k(t_2)-u_k(t_1)| &\leqslant \int_{[t_1,t_2]_{\mathbb{T}\mathbb{Z}}}|u_k^\Delta(s)|\Delta s\\
&\leqslant (t_2-t_1)^{\frac{1}{q}}\left(\int_{[t_1,t_2]_{\mathbb{T}}}|u_k^\Delta(s)|^p\Delta s\right)^{\frac{1}{p}}\\
&\leqslant (t_2-t_1)^{\frac{1}{q}}\|u_k\|_{W_{\Delta,T}^{1,p}}\\
&\leqslant C(t_2-t_1)^{\frac{1}{q}}.
\end{aligned}$$

因此,序列 $\{u_k\}_{k\in\mathbb{N}}$ 等度连续. 由 Ascoli-Arzela 定理得, $\{u_k\}_{k\in\mathbb{N}}$ 在 $C([0,T]_{\mathbb{T}},\mathbb{R}^N)$ 中列紧. 因为 $C([0,T]_{\mathbb{T}},\mathbb{R}^N)$ 中的弱极限具有唯一性,任意一个 $\{u_k\}_{k\in\mathbb{N}}$ 的一致收敛子列都在 $C([0,T]_{\mathbb{T}},\mathbb{R}^N)$ 中收敛于 u. 所以 $\{u_k\}_{k\in\mathbb{N}}$ 在 $C([0,T]_{\mathbb{T}},\mathbb{R}^N)$ 中强收敛于 u. ■

注 2.4　由定理 2.9 知,嵌入 $W_{\Delta,T}^{1,p}([0,T]_{\mathbb{T}},\mathbb{R}^N)\to C([0,T]_{\mathbb{T}},\mathbb{R}^N)$ 是紧的.

定理 2.10　设 $L:[0,T]_{\mathbb{T}}\times\mathbb{R}^N\times\mathbb{R}^N\to\mathbb{R},(t,x,y)\to L(t,x,y)$ 对每个 $(x,y)\in\mathbb{R}^N\times\mathbb{R}^N$ 关于 $t\Delta$- 可测,对每个 $t\in[0,T]_{\mathbb{T}}$ 关于 (x,y) 连续可导. 如果存在 $a\in(\mathbb{R}^+\times\mathbb{R}^+),b,c\in[0,T]_{\mathbb{T}}\to\mathbb{R}^+,b^\sigma\in L_\Delta^1([0,T)_{\mathbb{T}},$

$\mathbb{R}^+$) 和 $c^\sigma \in L^q_\Delta([0,T)_\mathbb{T},\mathbb{R}^+)(1<q<+\infty)$ 使得对 Δ- 几乎处处的 $t \in [0,T]_\mathbb{T}$ 和每个 $(x,y) \in \mathbb{R}^N \times \mathbb{R}^N$, 有

$$|L(t,x,y)| \leqslant a(|x|)(b(t)+|y|^p),$$
$$|L_x(t,x,y)| \leqslant a(|x|)(b(t)+|y|^p),$$
$$|L_y(t,x,y)| \leqslant a(|x|)(c(t)+|y|^{p-1}), \qquad (2.3.24)$$

其中, $\frac{1}{p}+\frac{1}{q}=1$, 则泛函 $\Phi: W^{1,p}_{\mathfrak{R},T}([0,T]_\mathbb{T},\mathbb{R}^N) \to \mathbb{R}$,

$$\Phi(u)=\int_{[0,T)_\mathbb{T}} L(\sigma(t),\mu^\sigma(t),u^\Delta(t))\Delta t$$

在 $W^{1,p}_{\Delta,T}([0,T]_\mathbb{T},\mathbb{R}^N)$ 上连续可导,而且 $v \in W^{1,p}_{\Delta,T}([0,T]_\mathbb{T},\mathbb{R}^N)$,

$$\langle \Phi'(u),v\rangle = \int_{[0,T)_\mathbb{T}} [(L_x(\sigma(t),u^\sigma(t),u^\Delta(t)),v^\sigma(t)) +$$
$$(L_y(\sigma(t),\mu^\sigma(t),u^\Delta(t)),v^\Delta(t))]\Delta t \qquad (2.3.25)$$

证明 由文献[61]中的推论 2.1 知,只需证明 Φ 在每一点 u 的 Gateaux 导数 $\Phi'(u)=(W^{1,p}_{\Delta,T}([0,T]_\mathbb{T},\mathbb{R}^N))^*$ 由式(2.3.25)给出,而且算子

$$\Phi':=W^{1,p}_{\Delta,T}([0,T]_\mathbb{T},\mathbb{R}^N) \to (W^{1,p}_{\Delta,T}([0,T]_\mathbb{T},\mathbb{R}^N))^*$$

连续即可.

首先,由式(2.3.24)知 Φ 在 $W^{1,p}_{\Delta,T}([0,T]_\mathbb{T},\mathbb{R}^N)$ 处处有限. 对给定的 $t \in [0,T)_\mathbb{T}, \lambda \in [-1,1]$, 以及 $u,v \in W^{1,p}_{\Delta,T}([0,T]_\mathbb{T},\mathbb{R}^N)$, 定义

$$G(\lambda,t)=L(\sigma(t),u^\sigma(t)+\lambda v^\sigma(t),u^\Delta(t)+\lambda v^\Delta(t)),$$

$$\Psi(\lambda)=\int_{[0,T)_\mathbb{T}} G(\lambda,t)\Delta t=\Phi(u+\lambda v),$$

则由式(2.3.24),有

$$|D_\lambda G(\lambda,t)| \leqslant |D_x L(\sigma(t),u^\sigma(t)+\lambda v^\sigma(t),u^\Delta(t)+\lambda v^\Delta(t),v^\sigma(t))| +$$
$$|D_y L(\sigma(t),u^\sigma(t)+\lambda v^\sigma(t),u^\Delta(t)+\lambda v^\Delta(t),v^\Delta(t))|$$

$$
\begin{aligned}
&\leqslant a(|u^\sigma(t)+\lambda v^\sigma(t)|)\cdot \\
&\quad (b^\sigma(t)+(|u^\Delta(t)+\lambda v^\Delta(t)|)^p)|v^\sigma(t)|+ \\
&\quad a(|u^\sigma(t)+\lambda v^\sigma(t)|)\cdot \\
&\quad (c^\sigma(t)+(|u^\Delta(t)+\lambda v^\Delta(t)|)^{p-1})|v^\Delta(t)| \\
&\leqslant \bar{a}(b^\sigma(t)+(|u^\Delta(t)+\lambda v^\Delta(t)|)^p)|v^\sigma(t)|+ \\
&\quad \bar{a}(c^\sigma(t)+(|u^\Delta(t)+\lambda v^\Delta(t)|)^{p-1})|v^\Delta(t)| \\
&\overset{\Delta}{=} d(t),
\end{aligned}
\tag{2.3.26}
$$

其中,

$$\bar{a}=\max_{(\lambda,t)\in[-1,1]\times[0,T]_{\mathbb{T}}} a(|u(t)+\lambda v(t)|).$$

故由已知条件得, $d\in L_\Delta^1([0,T)_{\mathbb{T}},\mathbb{R}^+)$. 又因为 $b^\sigma\in L_\Delta^1([0,T)_{\mathbb{T}},\mathbb{R}^+)$, $(|u^\Delta|+)|v^\Delta|^p\in L_\Delta^1([0,T)_{\mathbb{T}},\mathbb{R}^+)$, $c^\sigma\in L_\Delta^q([0,T)_{\mathbb{T}},\mathbb{R}^+)$, 所以

$$
\begin{aligned}
\Psi'(0)&=\int_{[0,T)_{\mathbb{T}}} D_\lambda G(0,T)\Delta t \\
&=\int_{[0,T)_{\mathbb{T}}}(D_x(\sigma(t),u^\sigma(t),u^\Delta(t),u^\sigma(t)))\Delta t+ \\
&\quad\int_{[0,T)_{\mathbb{T}}}(D_y(\sigma(t),u^\sigma(t),u^\Delta(t),u^\Delta(t)))\Delta t
\end{aligned}
\tag{2.3.27}
$$

另一方面,由式(2.3.24)知,

$$
\begin{aligned}
|D_xL(\sigma(t),u^\sigma(t),u^\Delta(t))|&\leqslant a(|u^\sigma(t)|)\cdot \\
&\quad (b^\sigma(t)+|u^\Delta(t)|^p)\overset{\Delta}{=}\psi_1(t),
\end{aligned}
\tag{2.3.28}
$$

$$
\begin{aligned}
|D_yL(\sigma(t),u^\sigma(t),u^\Delta(t))|&\leqslant a(|u^\sigma(t)|)\cdot \\
&\quad (c^\sigma(t)+|u^\Delta(t)|^{p-1})\overset{\Delta}{=}\psi_2(t).
\end{aligned}
\tag{2.3.29}
$$

故 $\psi_1\in L_\Delta^1([0,T)_{\mathbb{T}},\mathbb{R}^+)$, $\psi_2\in L_\Delta^q([0,T)_{\mathbb{T}},\mathbb{R}^+)$. 从而,利用定理 2.8、式(2.3.27)、式(2.3.28)、式(2.3.29)知,存在正常数 C_2,C_3,C_4 使得

$$\int_{[0,T)_{\mathbb{T}}} (D_x(\sigma(t), u^\sigma(t), u^\Delta(t), u^\sigma(t)))\Delta t +$$

$$\int_{[0,T)_{\mathbb{T}}} (D_y(\sigma(t), u^\sigma(t), u^\Delta(t), u^\Delta(t)))\Delta t$$

$$= C_2 |v|_\infty + C_3 |v^\Delta|_{L^p_\Delta}$$

$$\leqslant C_4 |v|_{W^{1,p}_{\Delta,T}},$$

而且 Φ 在点 u 处的 Gateaux 导数 $\Phi'(u) \in (W^{1,p}_{\Delta,T}([0,T]_{\mathbb{T}}, \mathbb{R}^N))^*$ 由式(2.3.25)给出. 此外,考虑从 $W^{1,p}_{\Delta,T}([0,T]_{\mathbb{T}}, \mathbb{R}^N)$ 映到 $L^1_\Delta([0,T)_{\mathbb{T}}, \mathbb{R}^N) \times L^q_\Delta([0,T)_{\mathbb{T}}, \mathbb{R}^N)$ 的映射

$$u \to (D_x L(\cdot, u^\sigma, u^\Delta)), (D_y L(\cdot, u^\sigma, u^\Delta)),$$

由式(2.3.24)知该映射连续,所以 $\Phi': W^{1,p}_{\Delta,T}([0,T]_{\mathbb{T}}, \mathbb{R}^N) \to (W^{1,p}_{\Delta,T}([0,T]_{\mathbb{T}}, \mathbb{R}^N))^*$ 连续. ■

第 3 章　时标上的一类 Hamiltonian 系统解的存在性

3.1　引　言

在这一章中，作为 Sobolev 空间 $H^1_{\Delta,T}$ 的一个应用，我们应用变分方法中的临界点理论研究时标 $\mathbb{T}$ 上的 Hamiltonian 系统

$$\begin{cases} u^{\Delta^2}(t) = \nabla F(\sigma(t), u^{\sigma}(t)), \Delta\text{-}a.e.\ t \in [0,T]^{\kappa}_{\mathbb{T}}, \\ u(0) - u(T) = 0, u^{\Delta}(0) - u^{\Delta}(T) = 0. \end{cases} \tag{3.1.1}$$

其中 $u^{\Delta}(t)$ 表示 u 在点 t 处的 Δ- 导数，$u^{\Delta^2}(t) = (u^{\Delta})^{\Delta}(t)$，$\sigma$ 为 $\mathbb{T}$ 上的前跳跃算子，T 为正常数，$F:[0,T]_{\mathbb{T}} \times \mathbb{R}^N \to \mathbb{R}$ 满足条件：

(A) $F(t,x)$ 对每个 $x \in \mathbb{R}^N$ 关于 t 是 Δ- 可测的，对 Δ- 几乎处处的 $t \in [0,T]_{\mathbb{T}}$ 关于 x 是连续可微的，并且存在 $a \in C(\mathbb{R}^+,\mathbb{R}^+)$，$b \in L^1_\Delta([0,T]_{\mathbb{T}},\mathbb{R}^N)$ 使得对所有的 $x \in \mathbb{R}^N$ 和 Δ- 几乎处处的 $t \in [0,T]_{\mathbb{T}}$，有

$$|F(t,x)| \leqslant a(|x(t)|)b(t),\ |\nabla F(t,x)| \leqslant a(|x(t)|)b(t),$$

其中 $\nabla F(t,x)$ 表示 $F(t,x)$ 关于 x 的梯度.

当 $\mathbb{T}=\mathbb{R}$ 时，问题(3.1.1)就是二阶 Hamiltonian 系统

$$\begin{cases} \ddot{u}(t) = \nabla F(t,u(t)),\Delta\text{-}a.e.\ t \in [0,T], \\ u(0)-u(T)=0,\dot{u}(0)-\dot{u}(T)=0. \end{cases} \tag{3.1.2}$$

当 $T=\mathbb{Z}, T \in \mathbb{N}, T \geqslant 2$ 时，问题(3.1.1)就是二阶离散 Hamiltonian 系统

$$\begin{cases} u^2(t) = \nabla F(t+1,u(t+1)),t \in [0,T-1] \cap \mathbb{Z}, \\ u(0)-u(T)=0,\Delta u(0)-u\Delta(T)=0. \end{cases}$$

对于问题(3.1.2)，许多研究者应用临界点理论对其进行了大量的研究，得到一系列其解的存在性和多重性的相关结果，可参见文献[62-71]. 但是，据笔者所知，对于问题(3.1.1)，还没有人应用变分方法研究其解的存在性. 本章将应用文献[60]中的鞍点定理和极小值定理得到问题(3.1.1)解的存在性.

3.2 变分设立

我们在空间 $H^1_{\Delta,T}$ 上建立问题(3.1.1)所对应的泛函，使其临界点就

是问题(3.1.1)的解,从而将研究问题(3.1.1)解的存在性转化为研究其对应泛函的临界点的存在性.

由定理 2.7 知,空间 $H^1_{\Delta,T}$ 关于内积

$$\langle u,v\rangle=\langle u,v\rangle_{H^1_{\Delta,T}}=\int_{[0,T)_{\mathbb{T}}}(u(t),\ v(t))\Delta t+\int_{[0,T)_{\mathbb{T}}}(u^{\Delta}(t),v^{\Delta}(t))\Delta t$$

和其对应的范数

$$\|u\|=\|u\|_{H^1_{\Delta,T}}=\left(\int_{[0,T)_{\mathbb{T}}}|u(t)|^2\Delta t+\int_{[0,T)_{\mathbb{T}}}|u^{\Delta}(t)|^2\Delta t\right)^{\frac{1}{2}} \tag{3.2.1}$$

是 Hilbert 空间.

考虑泛函 $\varphi:H^1_{\Delta,T}\to\mathbb{R}$,

$$\varphi(u)=\frac{1}{2}\int_{[0,T)_{\mathbb{T}}}|u^{\Delta}(t)|^2\Delta t+\int_{[0,T)_{\mathbb{T}}}F(\sigma(t),u^{\sigma}(t))\Delta t \tag{3.2.2}$$

我们得到下面的定理.

定理 3.1　泛函 φ 在 $H^1_{\Delta,T}$ 上是连续可微的,并且对任意 $v\in H^1_{\Delta,T}$ 有

$$\langle\varphi'(u),v\rangle=\int_{[0,T)_{\mathbb{T}}}(u^{\Delta}(t),v^{\Delta}(t))\Delta t+\int_{[0,T)_{\mathbb{T}}}(\nabla F(\sigma(t),u^{\sigma}(t)),v^{\sigma}(t))\Delta t.$$

证明　对任意 $x,y\in\mathbb{R}^N$ 及 $t\in[0,T]_{\mathbb{T}}$, 令 $L(t,x,y)=\frac{1}{2}|y|^2+F(t,x)$. 根据条件(A), $L(t,x,y)$ 满足定理 2.10 的所有条件. 因此,由定理 2.10 知,泛函 φ 在 $H^1_{\Delta,T}$ 上连续可微,而且对任意 $v\in H^1_{\Delta,T}$ 有

$$\langle\varphi'(u),v\rangle=\int_{[0,T)_{\mathbb{T}}}(u^{\Delta}(t),v^{\Delta}(t))\Delta t+\int_{[0,T)_{\mathbb{T}}}(\nabla F(\sigma(t),u^{\sigma}(t)),v^{\sigma}(t))\Delta t.$$ ■

定理 3.2　如果 $u\in H^1_{\Delta,T}$ 是泛函 φ 在 $H^1_{\Delta,T}$ 上的临界点,即 $\varphi'(u)=0$,

那么 u 是问题(3.1.1)的解.

证明 因为 $\varphi'(u)=0$, 所以由定理 3.1 得,对任意 $v\in H^1_{\Delta,T}$, 有

$$\int_{[0,T)_{\mathbb{T}}}(u^\Delta(t),v^\Delta(t))\Delta t+\int_{[0,T)_{\mathbb{T}}}(\nabla F(\sigma(t),u^\sigma(t)),v^\sigma(t))\Delta t=0,$$

即对任意的 $v\in H^1_{\Delta,T}$,

$$\int_{[0,T)_{\mathbb{T}}}(u^\Delta(t),v^\Delta(t))=-\int_{[0,T)_{\mathbb{T}}}(\nabla F(\sigma(t),u^\sigma(t)),v^\sigma(t))\Delta t.$$

从而,由条件(A)及定义 2.14 知 $u^\Delta\in H^1_{\Delta,T}$. 再根据定理 2.6 及式(2.3.6)知,存在唯一的函数 $x\in V^{1,2}_{\Delta,T}([0,T]_{\mathbb{T}},\mathbb{R}^N)$ 满足

$$x=u,x^{\Delta^2}(t)=\nabla F(\sigma(t),u^\sigma(t))\quad \Delta\text{-}a.e.\ t\in[0,T]^{\kappa^2}_{\mathbb{T}},\tag{3.2.3}$$

而且有

$$\int_{[0,T)_{\mathbb{T}}}\nabla F(\sigma(t),u^\sigma(t))\Delta t=0.\tag{3.2.4}$$

结合式(3.2.3)和式(3.2.4)得出

$$x(0)-x(T)=0,x^\Delta(0)-x^\Delta(T)=0.$$

将 $u\in H^1_{\Delta,T}$ 和其在 $V^{1,2}_{\Delta,T}([0,T]_{\mathbb{T}},\mathbb{R}^N)$ 中关于式(3.2.3)的绝对连续表示 x 等同看待,在此意义下, u 是问题(3.1.1)的解. ■

定理 3.3 泛函 φ 在 $H^1_{\Delta,T}$ 上是弱下半连续的.

证明 为了证明方便,令

$$\varphi_1(u)=\frac{1}{2}\int_{[0,T)_{\mathbb{T}}}|u^\Delta(t)|^2\Delta t,$$

$$\varphi_2(u)=\int_{[0,T)_{\mathbb{T}}}F(\sigma(t),u^\sigma(t))\Delta t.$$

显然 φ_1 是凸连续泛函,所以 φ_1 是弱下半连续的. 假设 $\{u_n\}_{n\in\mathbb{N}}\subset H^1_{\Delta,T}$, 而且 $\{u_n\}_{n\in\mathbb{N}}$ 在 $H^1_{\Delta,T}$ 中弱收敛于 u. 根据定理 2.9, $\{u_n\}_{n\in\mathbb{N}}$ 在 $C([0,T]_{\mathbb{T}},\mathbb{R}^N)$ 中强收敛于 u. 再由条件(A)知,

$$\begin{aligned}|\varphi_2(u_n)-\varphi_2(u)| &= \left|\int_{[0,T)_{\mathbb{T}}} F(\sigma(t),u_n^{\sigma}(t))\Delta t-\int_{[0,T)_{\mathbb{T}}} F(\sigma(t),u^{\sigma}(t))\Delta t\right| \\ &\leqslant \int_{[0,T)_{\mathbb{T}}} |F(\sigma(t),u_n^{\sigma}(t))-F(\sigma(t),u^{\sigma}(t))|\Delta t \\ &\to 0.\end{aligned}$$

所以 φ_2 是弱连续的. 因而, $\varphi=\varphi_1+\varphi_2$ 是弱下半连续的. ■

为了应用临界点定理证明问题(3.1.1)解的存在性,我们需要如下定义.

定义 3.1(文献[60]) 设 X 是 Banach 空间, $I\in C^1(X,\mathbb{R})$, 并且 $c\in\mathbb{R}$. 如果任意序列 $\{x_n\}\subseteq X$, 当 $I(x_n)\to c$ 且 $I'(x_n)\to 0(n\to\infty)$ 时, c 是泛函 I 的临界值,则称泛函 I 在 X 上满足 $(PS)_c$-条件.

定义 3.2(文献[60]) 设 X 是 Banach 空间, $I\in C^1(X,\mathbb{R})$. 如果对任意序列 $\{x_n\}\subseteq X$, 当 $I(x_n)$ 有界且 $I'(x_n)\to 0(n\to\infty)$ 时, $\{x_n\}$ 在 X 中有收敛子列,则称泛函 I 在 C 上满足 P. S. 条件.

注 3.1 显然,对任意 $c\in\mathbb{R}$, P. S. 条件蕴含 $(PS)_c$-条件.

为了证明问题(3.1.1)解的存在性结果,我们还需要下面的临界点定理作为理论工具.

引理 3.1(定理 4.7, 文献[60]) 设 X 是 Banach 空间, $J_0\in C^1(X,\mathbb{R})$. 再设 X 有直和分解: $X=X^-\oplus X^+$, 而且直和分解满足

$$\dim X^-<\infty$$

和

$$\sup_{S_R^-} J_0<\inf_{X^+} J_0.$$

其中 $S_R^-=\{u\in X^-:\|u\|=R\}$. 令

$$B_R^-=\{u\in X^-:\|u\|\leqslant R\}$$

$$M=\{h\in C(B_R^-,X):h(s)=s\quad 如果\ s\in S_R^-\}$$

$$c=\inf_{h\in M}\max_{s\in B_R^-} J_0(h(s)).$$

则,如果 J_0 满足 $(\mathrm{PS})_c$ -条件,那么 c 是泛函 J_0 的临界值.

3.3 解的存在性结果

对任意 $u \in H^1_{\Delta,T}$, 令 $\bar{u} = \frac{1}{T}\int_{[0,T)_{\mathbb{T}}} u(t)\Delta t, u(t) = u(t) - \bar{u}$, 则有 $\int_{[0,T)_{\mathbb{T}}} u(t)\Delta t = 0$. 下面证明 3 个解的存在性结果.

定理 3.4 假设条件(A)以及如下条件成立.

(ⅰ)存在 $f,g:[0,T]_{\mathbb{T}} \to \mathbb{R}^+,\alpha \in [0,1)$ 使得 $f^\sigma,g^\sigma \in L^1_\Delta([0,T)_{\mathbb{T}},\mathbb{R}^+)$, 并且对所有 $X \in \mathbb{R}^N$ 及 Δ- 几乎处处的 $t \in [0,T]_{\mathbb{T}}$, 有

$$|\nabla F(t,x)| \leqslant f(t)|x|^\alpha + g(t).$$

(ⅱ)当 $|x| \to \infty$ 时, $|x|^{-2\alpha}\int_{[0,T)_{\mathbb{T}}} F(\sigma(t), x)\Delta t \to +\infty$.

则问题(3.1.1)至少有一个解.

证明 由定理 2.8 知,存在 $C_5 > 0$ 使得

$$\|\tilde{u}\|^2_\infty \leqslant C_5\int_{[0,T)_{\mathbb{T}}} |u^\Delta(t)|\Delta t, \tag{3.3.1}$$

由条件(ⅰ)、定理 2.8 及式(3.3.1)可知,对任意 $u \in H^1_{\Delta,T}$, 有

$$\left|\int_{[0,T)_{\mathbb{T}}}(F(\sigma(t),u^\sigma(t)) - F(\sigma(t),\bar{u}))\Delta t\right|$$

$$\leqslant \left|\int_{[0,T)_{\mathbb{T}}}\left(\int_0^1(\nabla F(\sigma(t),\bar{u} + s\tilde{u}^\sigma(t),\tilde{u}^\sigma(t)))\mathrm{d}s\right)\Delta t\right|$$

$$\leqslant \int_{[0,T)_{\mathbb{T}}}\left(\int_0^1 f^\sigma(t)\mid \bar{u}+s\tilde{u}^\sigma(t)\mid^\alpha \mid \tilde{u}^\sigma(t)\mid \mathrm{d}s\right)\Delta t+$$

$$\int_{[0,T)_{\mathbb{T}}}\left(\int_0^1 g^\sigma(t)\mid \tilde{u}^\sigma(t)\mid \mathrm{d}s\right)\Delta t$$

$$\leqslant 2(\mid \bar{u}\mid^\alpha+\|\tilde{u}\|_\infty^\alpha)\|\tilde{u}\|_\infty\int_{[0,T)_{\mathbb{T}}} f^\sigma(t)\Delta t+\|\tilde{u}\|_\infty\int_{[0,T)_{\mathbb{T}}} g^\sigma(t)\Delta t$$

$$\leqslant \frac{1}{4C_5}\|\tilde{u}\|_\infty^2+4C_5\mid \bar{u}\mid^{2\alpha}\left(\int_{[0,T)_{\mathbb{T}}} f^\sigma(t)\Delta t\right)^2+$$

$$2\|\tilde{u}\|_\infty^{\alpha+1}\int_{[0,T)_{\mathbb{T}}} f^\sigma(t)\mathrm{d}t+\|\tilde{u}\|_\infty\int_{[0,T)_{\mathbb{T}}} g^\sigma(t)\Delta t$$

$$\leqslant \frac{1}{4}\int_{[0,T)_{\mathbb{T}}}\mid u^\Delta(t)\mid^2\Delta t+C_6\mid u\mid^{2\alpha}+$$

$$C_7\left(\int_{[0,T)_{\mathbb{T}}}\mid u^\Delta(t)\mid^2\Delta t\right)^{\frac{\alpha+1}{2}}+C_8\left(\int_{[0,T)_{\mathbb{T}}}\mid u^\Delta(t)\mid^2\Delta t\right)^{\frac{1}{2}}$$

其中，

$$C_6=4C_5\left(\int_{[0,T)_{\mathbb{T}}} f^\sigma(t)\mathrm{d}t\right)^2, C_7=2(C_5)^{\frac{\alpha+1}{2}}\int_{[0,T)_{\mathbb{T}}} f^\sigma(t)\Delta t,$$

$$C_8=(C_5)^{\frac{1}{2}}\int_{[0,T)_{\mathbb{T}}} g^\sigma(t)\Delta t.$$

所以，对所有的 $u\in H_{\Delta,T}^1$，有

$$\varphi(u)=\frac{1}{2}\int_{[0,T)_{\mathbb{T}}}\mid u^\Delta(t)\mid^2\Delta t+\int_{[0,T)_{\mathbb{T}}} F(\sigma(t),u^\sigma(t))\Delta t$$

$$=\frac{1}{2}\int_{[0,T)_{\mathbb{T}}}\mid u^\Delta(t)\mid^2\Delta t+\int_{[0,T)_{\mathbb{T}}} F(\sigma(t),\bar{u})\Delta t+$$

$$\int_{[0,T)_{\mathbb{T}}}(F(\sigma(t),u^\sigma(t))-F(\sigma(t),\bar{u}))\Delta t$$

$$\geqslant \frac{1}{4}\int_{[0,T)_{\mathbb{T}}}\mid u^\Delta(t)\mid^2\Delta t+\mid \bar{u}\mid^{2\alpha}\left(\mid \bar{u}\mid^{-2\alpha}\int_{[0,T)_{\mathbb{T}}} F(\sigma(t),\bar{u})\Delta t-C_8\right)-$$

$$C_7\left(\int_{[0,T)_{\mathbb{T}}}\mid u^\Delta(t)\mid^2\Delta t\right)^{\frac{\alpha+1}{2}}-C_8\left(\int_{[0,T)_{\mathbb{T}}}\mid u^\Delta(t)\mid^2\Delta t\right)^{\frac{1}{2}} \quad (3.3.2)$$

因为 $\|u_n\|\to\infty$ 当且仅当 $\left(|\bar{u}|^2+\int_{[0,T)_{\mathbb{T}}}|u^{\Delta}(t)|^2\Delta t\right)^{\frac{1}{2}}\to\infty$，因而，由式(3.3.2)和条件(ii)可以推出，当 $\|u_n\|\to\infty$ 时，

$$\varphi(u)\to+\infty.$$

根据定理 3.3 和文献[60]中的定理 1.1 可知，泛函 φ 在 $H^1_{\Delta,T}$ 上至少有一个最小值点，进而是泛函 φ 的临界点. 因此，由定理 3.2 知，问题(3.1.1)至少有一个解. ■

【例 3.1】 设 $\mathbb{T}=\{\sqrt{n}\ :n\in\mathbb{N}_0\}$，$T=16$，$N=3$. 考虑时标 $\mathbb{T}$ 上的二阶 Hamiltonian 系统

$$\begin{cases}u^{\Delta^2}(t)=\nabla F\left(\sqrt{t^2+1},u(\sqrt{t^2+1})\right), & \Delta\text{-}a.e.\ t\in[0,16]^{\kappa}_{\mathbb{T}},\\ u(0)-u(16)=u^{\Delta}(0)-u^{\Delta}(16)=0,\end{cases}\tag{3.3.3}$$

其中，$F(t,x)=\left(\frac{4}{3}+t\right)|x|^{\frac{3}{2}}+((1,1,1),x)$.

因为，$F(t,x)=\left(\frac{4}{3}+t\right)|x|^{\frac{3}{2}}+((1,1,1),x)$，$\alpha=\frac{1}{2}$，经验证，定理 3.4 的所有条件都满足. 因而，由定理 3.4 知，问题(3.3.3)至少有一个解. 但是，0 不是问题(3.3.3)的解. 因此，问题(3.3.3)至少有一个非平凡解.

定理 3.5 如果条件(A)及定理 3.4 中的条件(i)成立，并假设

(iii)当 $|x|\to\infty$ 时，$|x|^{-2\alpha}\int_{[0,T)_{\mathbb{T}}}F(\sigma(t),x)\mathrm{d}t\to-\infty$.

那么，问题(3.1.1)至少有一个解.

在证明定理 3.5 之前，首先证明下面的引理.

引理 3.2 在定理 3.5 的假设下，泛函 φ 满足 P. S. 条件.

证明 设 $\{u_n\}\subseteq H^1_{\Delta,T}$ 是泛函 φ 的 P. S. 序列，即 $\{\varphi(u_n)\}$ 有界，并

且当 $n \to \infty$ 时，$\varphi'(u_n) \to 0$. 由条件(ⅰ)、定理2.8和式(3.3.1)知，对所有的 $n \in \mathbb{N}$，有

$$
\begin{aligned}
&\left| \int_{[0,T)_{\mathbb{T}}} (F(\sigma(t), u_n^{\sigma}(t)) - F(\sigma(t), \bar{u}_n)) \Delta t \right| \\
\leqslant & \left| \int_{[0,T)_{\mathbb{T}}} \left(\int_0^1 (\nabla F(\sigma(t), \bar{u}_n + s\tilde{u}_n^{\sigma}(t), \tilde{u}_n^{\sigma}(t))) \mathrm{d}s \right) \Delta t \right| \\
\leqslant & \int_{[0,T)_{\mathbb{T}}} \left(\int_0^1 f^{\sigma}(t) \mid \bar{u}_n + s\tilde{u}_n^{\sigma}(t) \mid^{\alpha} \mid \tilde{u}_n^{\sigma}(t) \mid \mathrm{d}s \right) \Delta t + \\
& \int_{[0,T)_{\mathbb{T}}} \left(\int_0^1 g^{\sigma}(t) \mid \tilde{u}_n^{\sigma}(t) \mid \mathrm{d}s \right) \Delta t \\
\leqslant & 2(\mid \bar{u}_n \mid^{\alpha} + \| \tilde{u}_n \|_{\infty}^{\alpha}) \| \tilde{u}_n \|_{\infty} \int_{[0,T)_{\mathbb{T}}} f^{\sigma}(t) \Delta t + \| \tilde{u}_n \|_{\infty} \int_{[0,T)_{\mathbb{T}}} g^{\sigma}(t) \Delta t \\
\leqslant & \frac{1}{4C_5} \| \tilde{u}_n \|_{\infty}^2 + 4C_5 \mid \bar{u}_n \mid^{2\alpha} \left(\int_{[0,T)_{\mathbb{T}}} f^{\sigma}(t) \Delta t \right)^2 + \\
& 2 \| \tilde{u}_n \|_{\infty}^{\alpha+1} \int_{[0,T)_{\mathbb{T}}} f^{\sigma}(t) \mathrm{d}t + \| \tilde{u}_n \|_{\infty} \int_{[0,T)_{\mathbb{T}}} g^{\sigma}(t) \Delta t \\
\leqslant & \frac{1}{4} \int_{[0,T)_{\mathbb{T}}} \mid u_n^{\Delta}(t) \mid^2 \Delta t + C_6 \mid \bar{u}_n \mid^{2\alpha} + \\
& C_7 \left(\int_{[0,T)_{\mathbb{T}}} \mid u_n^{\Delta}(t) \mid^2 \Delta t \right)^{\frac{\alpha+1}{2}} + C_8 \left(\int_{[0,T)_{\mathbb{T}}} \mid u_n^{\Delta}(t) \mid^2 \Delta t \right)^{\frac{1}{2}}
\end{aligned} \tag{3.3.4}
$$

由式(3.3.4)和条件(ⅲ)得，对充分大的 $n \in \mathbb{N}$，有

$$
\begin{aligned}
\| \tilde{u}_n \| \geqslant & \langle \varphi'(u_n), \tilde{u}_n \rangle \\
= & \int_{[0,T)_{\mathbb{T}}} \mid u_n^{\Delta}(t) \mid^2 \Delta t + \int_{[0,T)_{\mathbb{T}}} (\nabla F(\sigma(t), u_n^{\sigma}(t)), \tilde{u}_n(t)) \Delta t \\
\geqslant & \frac{3}{4} \int_{[0,T)_{\mathbb{T}}} \mid u_n^{\Delta}(t) \mid^2 \Delta t - C_6 \mid \bar{u}_n \mid^{2\alpha} - C_7 \left(\int_{[0,T)_{\mathbb{T}}} \mid u_n^{\Delta}(t) \mid^2 \Delta t \right)^{\frac{\alpha+1}{2}} - \\
& C_8 \left(\int_{[0,T)_{\mathbb{T}}} \mid u_n^{\Delta}(t) \mid^2 \Delta t \right)^{\frac{1}{2}}
\end{aligned} \tag{3.3.5}
$$

利用式(3.2.1)和式(3.3.1)可得

$$\int_{[0,T)_{\mathbb{T}}} |u_n^{\Delta}(t)|^2 \Delta t \leqslant \|\tilde{u}_n\|^2 \leqslant (1 + TC_5) \int_{[0,T)_{\mathbb{T}}} |u_n^{\Delta}(t)|^2 \,\mathrm{d}t. \tag{3.3.6}$$

式(3.3.5)和式(3.3.6)说明,对充分大的 $n \in \mathbb{N}$, 存在常数 C_9 和 C_{10} 使得

$$C_9 |\bar{u}_n|^{\alpha} \geqslant \left(\int_{[0,T)_{\mathbb{T}}} |u_n^{\Delta}(t)|^2 \Delta t\right)^{\frac{1}{2}} - C_{10}. \tag{3.3.7}$$

类似于定理 3.4 的证明,对所有的 $n \in \mathbb{N}$, 有

$$\begin{aligned}
&\left|\int_{[0,T)_{\mathbb{T}}} (F(\sigma(t), u_n^{\sigma}(t)) - F(\sigma(t), \bar{u}_n)) \Delta t\right| \\
&\leqslant \frac{1}{4}\int_{[0,T)_{\mathbb{T}}} |u_n^{\Delta}(t)|^2 \Delta t + C_6 |\bar{u}_n|^{2\alpha} + \\
&\quad C_7\left(\int_{[0,T)_{\mathbb{T}}} |u_n^{\Delta}(t)|^2 \Delta t\right)^{\frac{\alpha+1}{2}} + C_8\left(\int_{[0,T)_{\mathbb{T}}} |u_n^{\Delta}(t)|^2 \Delta t\right)^{\frac{1}{2}}.
\end{aligned} \tag{3.3.8}$$

利用 $\{\varphi(u_n)\}$ 的有界性以及式(3.3.7)和式(3.3.8)知,存在常数 C_{11} 使得

$$\begin{aligned}
C_{11} &\leqslant \varphi(u_n) \\
&= \frac{1}{2}\int_{[0,T)_{\mathbb{T}}} |u_n^{\Delta}(t)|^2 \mathrm{d}t + \int_{[0,T)_{\mathbb{T}}} F(\sigma(t), \bar{u}_n) \Delta t + \\
&\quad \int_{[0,T)_{\mathbb{T}}} (F(\sigma(t), u_n^{\sigma}(t)) - F(\sigma(t), \bar{u}_n)) \Delta t \\
&\leqslant \frac{3}{4}\int_{[0,T)_{\mathbb{T}}} |u_n^{\Delta}(t)|^2 \Delta t + C_6 |\bar{u}_n|^{2\alpha} + \int_{[0,T)_{\mathbb{T}}} F(\sigma(t), \bar{u}_n) \Delta t + \\
&\quad C_7\left(\int_{[0,T)_{\mathbb{T}}} |u_n^{\Delta}(t)|^2 \Delta t\right)^{\frac{\alpha+1}{2}} + C_8\left(\int_{[0,T)_{\mathbb{T}}} |u_n^{\Delta}(t)|^2 \Delta t\right)^{\frac{1}{2}} \\
&\leqslant |\bar{u}_n|^{2\alpha}\left(|\bar{u}_n|^{-2\alpha}\int_{[0,T)_{\mathbb{T}}} F(\sigma(t), \bar{u}_n) \Delta t + C_{12}\right),
\end{aligned} \tag{3.3.9}$$

对充分大的 n 和某个常数 C_{12} 成立. 从而,由式(3.3.9)和条件(iii)知, $\{|\bar{u}_n|\}$ 是有界的. 故由式(3.3.6)和式(3.3.7)能得出 $\{u_n\}$ 在 $H_{\Delta,T}^1$ 中

有界. 从而,存在 $\{u_n\}$ 的子列,不妨仍记为 $\{u_n\}$,并且在 $H^1_{\Delta,T}$ 中

$$u_n \xrightarrow{\text{弱}} u. \tag{3.3.10}$$

由定理 2.9 知,在 $C([0,T]_{\mathbb{T}},\mathbb{R}^N)$ 中

$$u_n \to u. \tag{3.3.11}$$

另一方面,

$$\begin{aligned}&\langle \varphi'(u_n) - \varphi'(u), u_n - u\rangle \\ &= \int_{[0,T)_{\mathbb{T}}} |u_n^{\Delta}(t) - u^{\Delta}(t)|^2 \Delta t + \\ &\int_{[0,T)_{\mathbb{T}}} (\nabla F(\sigma(t), u_n^{\sigma}(t)) - \nabla F(\sigma(t), u^{\sigma}(t)), u_n^{\sigma}(t) - u^{\sigma}(t))\Delta t.\end{aligned} \tag{3.3.12}$$

由式(3.3.10)、式(3.3.11)、式(3.3.12)和条件(A)可知,$\{u_n\}$ 在 $H^1_{\Delta,T}$ 中收敛于 u. 因此,φ 满足 P. S. 条件. ■

现在来证明定理 3.5.

证明　首先,定义 $H^1_{\Delta,T}$ 的子空间 W 如下:

$$W = \left\{u \in H^1_{\Delta,T} : \int_{[0,T)_{\mathbb{T}}} u(t)\Delta t = 0\right\},$$

因此,$H^1_{\Delta,T} = \mathbb{R}^N \oplus W$. 下面证明,当 $u \in W$, $\|u_n\| \to \infty$ 时,

$$\varphi(u) \to +\infty. \tag{3.3.13}$$

事实上,只要 $u \in W$, 那么 $\bar{u} = 0$, 而且类似于定理 3.4 的证明,有

$$\begin{aligned}&\left|\int (F(\sigma(t), u^{\sigma}(t)) - F(\sigma(t), 0))\Delta t\right| \\ &\leqslant \frac{1}{4}\int_{[0,T)_{\mathbb{T}}} |u^{\Delta}(t)|^2 \Delta t + C_7\left(\int_{[0,T)_{\mathbb{T}}} |u^{\Delta}(t)|^2 \Delta t\right)^{\frac{\alpha+1}{2}} + \\ &C_8\left(\int_{[0,T)_{\mathbb{T}}} |u^{\Delta}(t)|^2 \Delta t\right)^{\frac{1}{2}}\end{aligned} \tag{3.3.14}$$

再由式(3.3.14)得,对任意 $u \in W$, 有

$$\varphi(u)=\frac{1}{2}\int_{[0,T)_{\mathbb{T}}}|u^{\Delta}(t)|^{2}\Delta t+\int_{[0,T)_{\mathbb{T}}}F(\sigma(t),0)\Delta t+$$

$$\int_{[0,T)_{\mathbb{T}}}(F(\sigma(t),u^{\sigma}(t))-F(\sigma(t),0))\Delta t$$

$$\geqslant\frac{1}{4}\int_{[0,T)_{\mathbb{T}}}|u^{\Delta}(t)|^{2}\Delta t-C_{7}\left(\int_{[0,T)_{\mathbb{T}}}|u^{\Delta}(t)|^{2}\Delta t\right)^{\frac{\alpha+1}{2}}-$$

$$C_{8}\left(\int_{[0,T)_{\mathbb{T}}}|u^{\Delta}(t)|^{2}\Delta t\right)^{\frac{1}{2}}+\int_{[0,T)_{\mathbb{T}}}F(\sigma(t),0)\Delta t.\quad(3.3.15)$$

根据定理 2. 8 得,如果 $u\in W$, 那么

$$\|u\|\to\infty\Leftrightarrow\|u^{\Delta}\|_{L^{2}_{\Delta,T}}\to\infty,$$

因此,由式(3. 3. 15)知,式(3. 3. 13)成立.

另外,利用条件(iii)可得出,当 $u\in\mathbb{R}^{N}$, $|u|\to\infty$ 时,

$$\varphi(u)=\int_{[0,T)_{\mathbb{T}}}F(\sigma(t),u)\Delta t$$

$$\leqslant|u|^{2\alpha}\left(|u|^{-2\alpha}\int_{[0,T)_{\mathbb{T}}}F(\sigma(t),u)\Delta t\right)\to-\infty.$$

从而,由引理 3. 1 和引理 3. 2 知,问题(3. 1. 1)至少有一个解. ■

【例 3. 2】 设 $\mathbb{R}=[0,2]\cup\{4,5,6\}\cup[9,10]$, $T=10$, $N=5$. 考虑时标 $\mathbb{T}$ 上的二阶 Hamiltonian 系统

$$\begin{cases}u^{\Delta^{2}}(t)=\nabla F(\sigma(t),u^{\sigma}(t)),\quad \Delta\text{-}a.e.\ t\in[0,10]_{\mathbb{T}}^{\kappa},\\ u(0)-u(10)=u^{\Delta}(0)-u^{\Delta}(10)=0,\end{cases}\quad(3.3.16)$$

其中, $F(t,x)=-t|x|^{\frac{5}{3}}+((9,1,2,3,0),x)$.

因为 $F(t,x)=-t|x|^{\frac{5}{3}}+((9,1,2,3,0),x)$, $\alpha=\frac{2}{3}$, 经验证,定理 3. 5 的所有条件都满足. 由定理 3. 5 知,问题(3. 3. 16)至少有一个解. 但是,0 不是问题(3. 3. 16)的解. 从而,问题(3. 3. 16)至少有一个非平凡解.

■

定理 3.6　设 $F(t,x)$ 满足条件(A)以及条件

(iv) $F(t,\ \cdot)$ 关于 Δ- 几乎处处的 $t\in[0,T]_{\mathbb{T}}$ 是凸的,并且当 $|x|\to\infty$ 时,

$$\int_{[0,T)_{\mathbb{T}}} F(\sigma(t),\ x)\Delta t \to +\infty .$$

那么,问题(3.1.1)至少有一个解.

证明　定义函数 $G:\mathbb{R}^N\to\mathbb{R}$ 如下:

$$G(x)=\int_{[0,T)_{\mathbb{T}}} F(\sigma(t),\ x)\Delta t .$$

由假设条件知,G 在某点 $\bar{x}$ 处可取得最小值,而且

$$\int_{[0,T)_{\mathbb{T}}} \nabla F(\sigma(t),\bar{x})\Delta t = 0. \tag{3.3.17}$$

假定 $\{u_n\}$ 是泛函 φ 的极小化序列,根据文献[60]中的命题 1.4 和式(3.3.17)可得出

$$\begin{aligned}
\varphi(u_k) &= \frac{1}{2}\int_{[0,T)_{\mathbb{T}}} |u_k^{\Delta}(t)|^2\Delta t + \int_{[0,T)_{\mathbb{T}}} F(\sigma(t),\bar{x})\Delta t + \\
&\quad \int_{[0,T)_{\mathbb{T}}} (F(\sigma(t),u_k^{\sigma}(t)) - F(\sigma(t),\bar{x}))\Delta t \\
&\geqslant \frac{1}{2}\int_{[0,T)_{\mathbb{T}}} |u_k^{\Delta}(t)|^2\Delta t + \int_{[0,T)_{\mathbb{T}}} F(\sigma(t),\bar{x})\Delta t + \\
&\quad \int_{[0,T)_{\mathbb{T}}} (\nabla F(\sigma(t),\bar{x}),u_k^{\sigma}(t) - \bar{x})\Delta t \\
&= \frac{1}{2}\int_{[0,T)_{\mathbb{T}}} |u_k^{\Delta}(t)|^2\Delta t + \int_{[0,T)_{\mathbb{T}}} F(\sigma(t),\bar{x})\Delta t + \\
&\quad \int_{[0,T)_{\mathbb{T}}} (\nabla F(\sigma(t),\bar{x}),\tilde{u}_k^{\sigma}(t))\Delta t,
\end{aligned} \tag{3.3.18}$$

其中 $\tilde{u}_k(t)=u_k(t)-\bar{u}_k,\bar{u}_k=\dfrac{1}{T}\int_{[0,T)_{\mathbb{T}}} u_k(t)\Delta t$. 利用式(3.3.18)、条件(A)和定理 2.8 可得,存在常数 C_{13},C_{14} 使得,

$$\varphi(u_k) \geqslant \frac{1}{2}\int_{[0,T)_{\mathbb{T}}} |u_k^{\Delta}(t)|^2 \Delta t + \int_{[0,T)_{\mathbb{T}}} F(\sigma(t),\bar{x})\Delta t - \left(\int_{[0,T)_{\mathbb{T}}} |\nabla F(\sigma(t),\bar{x})|\Delta t\right)\|\tilde{u}_k\|_\infty$$

$$\geqslant \frac{1}{2}\int_{[0,T)_{\mathbb{T}}} |u_k^{\Delta}(t)|^2 \Delta t - C_{13} - C_{14}\left(\int_{[0,T)_{\mathbb{T}}} |u_k^{\Delta}(t)|^2 \Delta t\right)^{\frac{1}{2}}. \tag{3.3.19}$$

再由式(3.3.19)知,存在常数 $C_{15} > 0$ 使得

$$\int_{[0,T)_{\mathbb{T}}} |u_k^{\Delta}(t)|^2 \Delta t < C_{15}, \tag{3.3.20}$$

从而,利用定理 2.8 和式(3.3.20)得,存在 $C_{16} > 0$ 使得

$$\|\tilde{u}_k\|_\infty \leqslant C_{16}. \tag{3.3.21}$$

根据条件(ⅳ),对 Δ- 几乎处处的 $t \in [0,T]_{\mathbb{T}}$ 和所有的 $k \in \mathbb{N}$, 有

$$F\left(\sigma(t),\frac{\bar{u}_k}{2}\right) = F\left(\sigma(t),\frac{u_k^{\sigma}(t) - \tilde{u}_k^{\sigma}(t)}{2}\right) \leqslant \frac{1}{2}F(\sigma(t),u_k^{\sigma}(t)) + \frac{1}{2}F(\sigma(t),-\tilde{u}_k^{\sigma}(t)), \tag{3.3.22}$$

因而,由式(3.2.2)和式(3.3.22)可得

$$\varphi(u_k) \geqslant \frac{1}{2}\int_{[0,T)_{\mathbb{T}}} |u_k^{\Delta}(t)|^2 \Delta t + 2\int_{[0,T)_{\mathbb{T}}} F\left(\sigma(t),\frac{\bar{u}_k^{\sigma}}{2}\right)\Delta t - \int_{[0,T)_{\mathbb{T}}} F(\sigma(t),-\tilde{u}_k^{\sigma}(t))\Delta t. \tag{3.3.23}$$

联合式(3.3.21)和式(3.3.23)知,存在常数 $C_{17} > 0$ 使得

$$\varphi(u_k) \geqslant 2\int_{[0,T)_{\mathbb{T}}} F\left(\sigma(t),\frac{\bar{u}_k^{\sigma}}{2}\right)\Delta t - C_{17}. \tag{3.3.24}$$

式(3.3.24)和条件(ⅳ)说明 $\{\bar{u}_k\}$ 有界. 从而,根据定理 2.8 和式(3.3.20)得, $\{u_k\}$ 在 $H^1_{\Delta,T}$ 中有界. 利用定理 3.3 和文献[60]中的定理 1.1 知,泛函 φ 在 $H^1_{\Delta,T}$ 上至少有一个最小值点,进而是泛函 φ 的临界

点. 因此,由定理 3.2 知,问题(3.1.1)至少有一个解. ■

【例 3.3】 设 $\mathbb{T}=\mathbb{R}, T=20, N=4$. 考虑时标 $\mathbb{T}$ 上的二阶 Hamiltonian 系统

$$\begin{cases}\Delta^2 u(t) = \nabla F(t+1, u(t+1)), t \in [0,19] \cap \mathbb{Z}, \\ u(0) - u(20) = \Delta u(0) - \Delta u(20) = 0,\end{cases} \tag{3.3.25}$$

其中, $F(t,x) = |x|^2 + |((1,1,2,3), x)|$.

由于 $F(t,x) = |x|^2 + |((1,1,2,3), x)|$, 因此, $F(t,x)$ 满足定理 3.6 的所有条件.

根据定理 3.6, 问题(3.3.25)至少有一个解. 显然, 0 不是问题(3.3.25)的解. 从而,问题(3.3.25)至少有一个非平凡解. ■

第4章　变分方法在时标上的一类二阶 Hamiltonian 系统中的应用

4.1　引　言

在本章中,作为 Sobolev 空间 $H^1_{\Delta,T}$ 的另一个应用,我们把空间 $H^1_{\Delta,T}$ 作为变分方法的工作空间,应用临界点理论研究时标 $\mathbb{T}$ 上的一类二阶 Hamiltonian 系统

$$\begin{cases} u^{\Delta^2}(t) + A(\sigma(t))u(\sigma(t)) + \nabla F(\sigma(t), u(\sigma(t))) = 0, \Delta\text{-}a.e.\, t \in [0,T]^{\kappa}_{\mathbb{T}}, \\ u(0) - u(T) = 0, u^{\Delta}(0) - u^{\Delta}(T) = 0, \end{cases} \tag{4.1.1}$$

解的存在性和多重性,其中 $u^{\Delta}(t)$ 表示 u 在点 t 处的 Δ- 导数, $u^{\Delta^2}(t) = (u^{\Delta})^{\Delta}(t)$, σ 是 $\mathbb{T}$ 上的前跳跃算子, T 为正常数, $A(t) = [d_{ij}(t)]$ 是定义在 $[0,T]_{\mathbb{T}}^{\kappa}$ 上的 N 阶矩阵值函数,并且对所有的 $i,j = 1,2,\cdots,N$, $d_{ij} \in L^{\infty}([0,T]_{\mathbb{T}},\mathbb{R})$, $F:[0,T]_{\mathbb{T}} \times \mathbb{R}^N \to \mathbb{R}$ 满足第 3 章中的条件(A).

当 $\mathbb{T} = \mathbb{R}$, 问题(4.1.1)就是二阶 Hamiltonian 系统

$$\begin{cases}\ddot{u}(t) + A(t)u(t) + \nabla F(t,u(t)) = 0, \quad a.e.\ t \in [0,T],\\ u(0) - u(T) = 0, \dot{u}(0) - \dot{u}(T) = 0,\end{cases} \tag{4.1.2}$$

而当 $\mathbb{T} = \mathbb{Z}$; $T \geqslant 2$ 时,问题(4.1.1)就是二阶离散 Hamiltonian 系统

$$\begin{cases}\Delta^2(t) + A(t+1)u(t+1) + \nabla F(t+1,u(t+1)) = 0, t \in [0,T-1] \cap \mathbb{Z},\\ u(0) - u(T) = 0, \Delta u(0) - \Delta u(T) = 0.\end{cases}$$

关于问题(4.1.2),许多研究者对其做了大量研究,可参见文献[72-78]. 特别地,文献[60]应用临界点定理研究问题(4.1.2)解的存在性和多重性,得到一系列解的存在性和多重性结果. 但是,据笔者所知,对于问题(4.1.1),还没有人应用变分方法研究其解的存在性和多重性. 本章将应用几个临界点定理获得问题(4.1.1)解的存在性和多重性结果.

4.2　变分结构的构造

为了应用变分方法中的临界点定理研究问题(4.1.1),在工作空间 $H^1_{\Delta,T}$ 上构造(4.1.1)所对应的泛函,并证明所构造的泛函的临界点就是

问题(4.1.1)的解,从而将研究问题(4.1.1)解的存在性和多重性转化为研究所对应的泛函的临界点的存在性和多重性.

由定理 2.7 知,空间 $H_{\Delta,T}^1$ 关于内积

$$\langle u,v\rangle=\langle u,v\rangle_{H_{\Delta,T}^1}=\int_{[0,T)_{\mathbb{T}}}(u^{\sigma}(t),v^{\sigma}(t))\Delta t+\int_{[0,T)_{\mathbb{T}}}(u^{\Delta}(t),v^{\Delta}(t))\Delta t$$

和其对应的范数

$$\|u\|=\|u\|_{H_{\Delta,T}^1}=\left(\int_{[0,T)_{\mathbb{T}}}|u^{\sigma}(t)|^2\Delta t+\int_{[0,T)_{\mathbb{T}}}|u^{\Delta}(t)|^2\Delta t\right)^{\frac{1}{2}} \tag{4.2.1}$$

是 Hilbert 空间.

构造泛 $\psi:H_{\Delta,T}^1\to\mathbb{R}$ 如下:

$$\begin{aligned}\psi(u)=&\frac{1}{2}\int_{[0,T)_{\mathbb{T}}}|u^{\Delta}(t)|^2\Delta t-\frac{1}{2}\int_{[0,T)_{\mathbb{T}}}(A(\sigma(t))u^{\sigma}(t),u^{\sigma}(t))\Delta t-\\&\int_{[0,T)_{\mathbb{T}}}(F(\sigma(t)),u^{\sigma}(t))\Delta t\\=&\frac{1}{2}\int_{[0,T)_{\mathbb{T}}}|u^{\Delta}(t)|^2\Delta t-\frac{1}{2}\int_{[0,T)_{\mathbb{T}}}(A(\sigma(t))u^{\sigma}(t),u^{\sigma}(t))\Delta t+J_1(u),\end{aligned} \tag{4.2.2}$$

其中 $J_1(u)=-\int_{[0,T)_{\mathbb{T}}}(F(\sigma(t)),u^{\sigma}(t))\Delta t.$

证明下面的定理.

定理 4.1 泛函 ψ 在 $H_{\Delta,T}^1$ 上连续可微,并且对任意 $v\in H_{\Delta,T}^1$,有

$$\begin{aligned}\langle\psi'(u),v\rangle=&\int_{[0,T)_{\mathbb{T}}}(u^{\Delta}(t),v^{\Delta}(t))\Delta t-\\&\int_{[0,T)_{\mathbb{T}}}(A(\sigma(t))u^{\sigma}(t)+\nabla F(\sigma(t),u^{\sigma}(t)),v^{\sigma}(t))\Delta t.\end{aligned}$$

证明 对任意 $x,y\in\mathbb{R}^N$ 和 $t\in[0,T]_{\mathbb{T}}$,定义

$$L(t,x,y)=\frac{1}{2}|y|^2-\frac{1}{2}(A(t)x,x)-F(t,x),$$

那么,由条件(A)知, $L(t,x,y)$ 满足定理 2.10 的所有条件. 从而根据定理 2.10 得,泛函 ψ 在 $H^1_{\Delta,T}$ 上连续可微,并且对任意 $v\in H^1_{\Delta,T}$, 有

$$\langle\psi'(u),v\rangle=\int_{[0,T)_{\mathbb{T}}}(u^{\Delta}(t),v^{\Delta}(t))\Delta t-\int_{[0,T)_{\mathbb{T}}}(A(\sigma(t))u^{\sigma}(t)+\nabla F(\sigma(t),u^{\sigma}(t)),v^{\sigma}(t))\Delta t.\ \blacksquare$$

定理 4.2　如果 $u\in H^1_{\Delta,T}$ 是泛函 ψ 在 $H^1_{\Delta,T}$ 上的临界点,即 $\psi'(u)=0$, 那么 u 是问题(4.1.1)的解.

证明　因为 $\psi'(u)=0$, 由定理 4.1 得,对任意 $v\in H^1_{\Delta,T}$, 有

$$\int_{[0,T)_{\mathbb{T}}}(u^{\Delta}(t),v^{\Delta}(t))\Delta t-\int_{[0,T)_{\mathbb{T}}}(A(\sigma(t))u^{\sigma}(t)+\nabla F(\sigma(t),u^{\sigma}(t)),v^{\sigma}(t))\Delta t=0.$$

即

$$\int_{[0,T)_{\mathbb{T}}}(u^{\Delta}(t),v^{\Delta}(t))\Delta t=-\int_{[0,T)_{\mathbb{T}}}(-A(\sigma(t))u^{\sigma}(t)-\nabla F(\sigma(t),u^{\sigma}(t)),v^{\sigma}(t))\Delta t.$$

利用条件(A)和定义 2.14 可得, $u^{\Delta}\in H^1_{\Delta,T}$. 再由定理 2.6 和式(2.3.6)知,存在唯一的 $x\in V^{1,2}_{\Delta,T}([0,T]_{\mathbb{T}},\mathbb{R}^N)$ 使得

$$\begin{aligned}&x(t)=u(t),\\&x^{\Delta^2}(t)=-A(\sigma(t),u^{\sigma}(t))-\nabla F(\sigma(t),u^{\sigma}(t)),\Delta\text{-}a.e.\ t\in[0,T]^{\kappa}_{\mathbb{T}}.\end{aligned}\tag{4.2.3}$$

而且

$$\int_{[0,T)_{\mathbb{T}}}(A(\sigma(t),u^{\sigma}(t))+\nabla F(\sigma(t),u^{\sigma}(t)))\Delta t=0.\tag{4.2.4}$$

联合式(4.2.3)和式(4.2.4)得

$$x(0)-x(T)=0,x^{\Delta}(0)-x^{\Delta}(T)=0.$$

我们将 $u\in H^1_{\Delta,T}$ 和其在 $V^{1,2}_{\Delta,T}([0,T]_{\mathbb{T}},\mathbb{R}^N)$ 中关于式(4.2.3)的绝对连续

表示 x 等同看待，在此意义下，u 是问题(4.1.1)的解. ■

定理 4.3 J_1' 在 $H_{\Delta,T}^1$ 上是紧算子.

证明 设 $\{u_n\} \subset H_{\Delta,T}^1$ 是有界序列，即存在 $M_0 > 0$ 使得对所有的 $\|u_n\| \leqslant M_0$. 由定理 2.8 知，对所有的 n，$\|u_n\|_\infty \leqslant KM_0$. 因为 $H_{\Delta,T}^1$ 是 Hilbert 空间，我们不妨假设在 $H_{\Delta,T}^1$ 中，当 $n \to \infty$ 时 $u_n \to u$. 因此，由定理 2.9 得，当 $n \to \infty$ 时，$\|u_n - u\|_\infty \to 0$. 令 $M = \max\{KM_0, \|u_n\|_\infty\}$，$a_M = \max\limits_{|x| \leqslant M} a(x)$. 那么，利用条件(A)可得，对 Δ-几乎处处的 $t \in [0,T]_{\mathbb{T}}$，

$$|\nabla F(\sigma(t), u_n^\sigma(t)) - \nabla F(\sigma(t), u^\sigma(t))| \leqslant 2a_M b^\sigma(t),$$

因此，

$$\lim_{n\to\infty}\int_{[0,T)_{\mathbb{T}}} |\nabla F(\sigma(t), u_n^\sigma(t)) - \nabla F(\sigma(t), u^\sigma(t))| \Delta t = 0,$$

所以，

$$\begin{aligned}
\|J_1'(u_n) - J_1'(u)\| &= \sup_{v \in H_{\Delta,T}^1, \|v\| \leqslant 1} \left| \int_{[0,T)_{\mathbb{T}}} (\nabla F(\sigma(t), u_n^\sigma(t)) - \right. \\
&\qquad \left. \nabla F(\sigma(t), u^\sigma(t)), v^\sigma(t)) \Delta t \right| \\
&\leqslant \|v\|_\infty \int_{[0,T)_{\mathbb{T}}} |\nabla F(\sigma(t), u_n^\sigma(t)) - \nabla F(\sigma(t), u^\sigma(t))| \Delta t \\
&\leqslant K \int_{[0,T)_{\mathbb{T}}} |\nabla F(\sigma(t), u_n^\sigma(t)) - \nabla F(\sigma(t), u^\sigma(t))| \Delta t \\
&\to 0 (n \to \infty).
\end{aligned}$$

即当 $n \to \infty$ 时，

$$J_1'(u_n) \to J_1'(u).$$

这说明 J_1' 在 $H_{\Delta,T}^1$ 上是紧算子. ■

为了证明本章的存在性和多重性结果，可做如下准备工作.

对任意 $u \in H_{\Delta,T}^1$，令

$$q(u)=\frac{1}{2}\int_{[0,T)_{\mathbb{T}}}[\,|u^{\Delta}(t)|^{2}-(A(\sigma(t))u^{\sigma}(t),u^{\sigma}(t))\,]\Delta t,$$

那么，

$$q(u)=\frac{1}{2}\|u\|^{2}-\frac{1}{2}\int_{[0,T)_{\mathbb{T}}}|u^{\sigma}(t)|^{2}\Delta t-\frac{1}{2}\int_{[0,T)_{\mathbb{T}}}(A(\sigma(t))u^{\sigma}(t),u^{\sigma}(t))\Delta t$$

$$=\frac{1}{2}\langle(I_{H^{1}_{\Delta,T}}-K)u,u\rangle,$$

其中，$K:H^{1}_{\Delta,T}\to H^{1}_{\Delta,T}$ 定义如下：

$$\langle Ku,v\rangle=\frac{1}{2}\int_{[0,T)_{\mathbb{T}}}(u^{\sigma}(t),v^{\sigma}(t))\Delta t+\int_{[0,T)_{\mathbb{T}}}(A(t)u^{\sigma}(t),v^{\sigma}(t))\Delta t,$$

$$\forall u,v\in H^{1}_{\Delta,T},$$

$I_{H^{1}_{\Delta,T}}$ 表示 $H^{1}_{\Delta,T}$ 上的恒等算子. 由 Riesz 表示定理知，K 是线性自伴算子. 根据式(4.2.2)，$\psi(u)$ 可写成如下形式：

$$\psi(u)=q(u)-\int_{H^{1}_{\Delta,T}}F(\sigma(t)),u^{\sigma}(t)\Delta t$$

$$=\frac{1}{2}\langle(I_{H^{1}_{\Delta,T}}-K)u,u\rangle+J(u).\tag{4.2.5}$$

$H^{1}_{\Delta,T}$ 紧嵌入 $C([0,T]_{\mathbb{T}},\mathbb{R}^{N})$ 说明 K 是紧算子. 根据古典的谱分解定理，可将 $H^{1}_{\Delta,T}$ 分解为不变子空间 $I_{H^{1}_{\Delta,T}}-K$ 的形式，即

$$H^{1}_{\Delta,T}=H^{-}\oplus H^{0}\oplus H^{+},$$

其中 $H^{0}=\ker(I_{H^{1}_{\Delta,T}}-K)$，$H^{-}$，$H^{+}$ 满足如下性质：存在 $\delta>0$，使得

$$q(u)\leqslant-\delta\|u\|^{2},\quad u\in H^{-},\tag{4.2.6}$$

$$q(u)\geqslant\delta\|u\|^{2},\quad u\in H^{+}.\tag{4.2.7}$$

注 4.1　因为 K 在 $H^{1}_{\Delta,T}$ 上是紧算子，所以 K 只有有限多个大于 1 的特征值. 因而，H^{-} 是 $H^{1}_{\Delta,T}$ 的有限维子空间. 注意到 $I_{H^{1}_{\Delta,T}}-K$ 是自伴算子 $I_{H^{1}_{\Delta,T}}$ 的紧扰动. 所以 0 不是算子 $I_{H^{1}_{\Delta,T}}-K$ 的本质谱. 故 H^{0} 也是 $H^{1}_{\Delta,T}$ 的有

限维子空间.

为了证明本章的存在性和多重性结果,需要下面的定义和临界点定理.

首先,陈述文献[79]中的局部环绕定理.

设 X 是具有直和分解 $X = X^1 \oplus X^2$ 的 Banach 空间, $X_i^j(j = 1,2;i = 1,2,\cdots)$ 是 $X^j(j = 1,2)$ 的子空间,并且满足

$$X_0^1 \subset X_1^1 \subset \cdots \subset X^1, X_0^2 \subset X_1^2 \subset \cdots \subset X,$$

$$\dim X_n^1 < +\infty, \dim X_n^2 < +\infty, n \in \mathbb{N},$$

$$X^1 = \overline{\bigcup_{n\in\mathbb{N}} X_n^1}, X^2 = \overline{\bigcup_{n\in\mathbb{N}} X_n^2}.$$

对每一个多重指标 $\alpha = (\alpha_1, \alpha_2) \in \mathbb{R} \times \mathbb{R}$, 记 $X_\alpha = X_{\alpha_1} \oplus X_{\alpha_2}$. 称 $\alpha \leqslant \beta$ 如果 $\alpha_1 \leqslant \beta_1, \alpha_2 \leqslant \beta_2$. 如果对每一多重指标 $\alpha \in \mathbb{R} \times \mathbb{R}$, 存在 $m_0 \in \mathbb{R}$ 使得 $n \geqslant m_0 \Rightarrow \alpha_n \geqslant \alpha$, 则称序列 $\{\alpha_n\} \in \mathbb{R} \times \mathbb{R}$ 是相容的.

定义 4.1(定义 2.2,文献[79]) 设 $I \in C^1(X,\mathbb{R})$. 如果对每个序列 $\{u_{\alpha_n}\}$, 当 $\{\alpha_n\}$ 是相容的,并且

$$u_{\alpha_n} \in X_{\alpha_n}, \sup|I(u_{\alpha_n})| < \infty, (1 + \|u_{\alpha_n}\|) I'(u_{\alpha_n}) \to 0$$

时, $\{u_{\alpha_n}\}$ 有收敛子列,其极限是泛函 I 的临界点,则称泛函 I 满足 $(C)^*$ 条件.

引理 4.1(定理 2.2,文献[79]) 设 $I \in C^1(X,\mathbb{R})$ 满足下列条件.

(I_1) $X^1 \neq \{0\}$ 而且 I 在 0 处关于 (X^1, X^2) 局部环绕,即对某个 $\gamma > 0$, 有

$$I(u) \geqslant 0, \quad u \in X^1, \quad \|u\| \leqslant \gamma,$$

$$I(u) \leqslant 0, \quad u \in X^2, \quad \|u\| \leqslant \gamma.$$

(I_2) I 满足条件 $(\mathrm{C})^*$.

(I_3) I 将有界集映为有界集.

(I_4) 对任意 $n \in \mathbb{N}$, 当 $u \in X_n^1 \oplus X^2, \|u\| \to \infty$ 时, $I(u) \to -\infty$.

则 I 至少有两个临界点.

注 4.2　因为 $I\in C^1(X,\mathbb{R})$，由引理由 4.1 的条件 (I_1) 知，0 是 I 的临界点. 因此，在引理 4.1 的条件下，I 至少有一个非平凡的临界点.

其次，陈述另外两个临界点定理.

引理 4.2（定理 5.29，文献[80]）　设 E 是具有直和分解 $E=E_1\oplus E_2$ 的 Hilbert 空间且 $E_2=E_1^{\perp}$. 如果 $I\in C^1(E,R)$ 满足 P. S. 条件及条件

(I_5) $I(u)=\dfrac{1}{2}\langle Lu,u\rangle+b(u)$，其中 $Lu=L_1P_1u+L_2P_2u$，而且 L_λ：$E_\lambda\to E_\lambda(\lambda=1,2)$ 是有界自伴算子，

(I_6) b' 是紧算子，

(I_7) 存在 E 的子空间 $\tilde{E}\subset E$ 和集合 $S\subset E$，$Q\subset\tilde{E}$ 以及常数 $\alpha_0\geqslant\omega$，使得

（ⅰ）$S\subset E_1$ 且 $I|_S\geqslant\alpha_0$，

（ⅱ）Q 是有界的，并且 $I|_{\partial Q}\leqslant\omega$，

（ⅲ）S 与 ∂Q 环绕，

那么，c 是泛函 I 的临界值，且 $c\geqslant\alpha_0$.

引理 4.3（定理 9.12，文献[81]）　设 E 是 Banach 空间，$I\in C^1(E,\mathbb{R})$ 是偶泛函且满足 P. S. 条件，$I(0)=0$. 如果 $E=V\oplus W$，其中 V 是有限维的，I 满足

(I_8) 存在常数 $\rho,\xi>0$ 使得 $I|_{\partial B_\rho\cap W}\geqslant\xi$，其中 $B_\rho=\{x\in E:\|x\|<\rho\}$，

(I_9) 对每个 E 的有限维子空间 $\tilde{E}$，存在常数 $R=R(\tilde{E})$ 使得

$$I(u)\leqslant 0,\quad u\in\tilde{E}\backslash B_{R(\tilde{E})}$$

那么，I 有一个无界的临界值序列.

最后，陈述文献[82]中给出的一个临界点定理. 为了陈述该定理，这里先叙述一些记号.

设 X 是可分且自反的 Banach 空间, Y 是 Banach 空间, $E = X \oplus Y$, S 是 X^* 的稠密子集. 对每个 $s \in S$, 存在定义在 E 上的半模 $p_s:E \to R$ 如下:

$$p_s(u) = |s(x)| + \|y\|, \quad \forall u = x + y \in X \oplus Y.$$

T_s 表示 E 上由半模族 $\{p_s\}$ 诱导的拓扑, w 和 w^* 分别表示 E 上的弱拓扑和弱 * 拓扑.

对泛函 $\Phi \in C^1(E,\mathbb{R})$ 记 $\Phi_a = \{u \in E : \Phi(u) \geqslant a\}$. 如果当 u_k 在 E 中弱收敛时, $\lim\limits_{k\to\infty} \Phi'(u_k)v \to \Phi'(u)v$ 对任意 $v \in E$ 都成立,则称 Φ' 是弱序列连续的,即 $\Phi':(E,w) \to (E^*,w^*)$ 是序列连续的. 对 $c \in \mathbb{R}$, 如果任意序列 $\{u_k\} \subset E$, 当 $\Phi(u_k) \to c$ 且 $(1 + \|u_k\|)\Phi'(u_k) \to 0(k \to \infty)$ 时, $\{u_k\}$ 有收敛子列,则称 Φ 满足条件 $(\mathrm{C})_c$.

注 4.3 显然,如果 Φ 满足 P. S. 条件,对任意 $c \in \mathbb{R}$,那么 Φ 都满足条件 $(\mathrm{C})_c$.

引理 4.4(文献[82]) 设 Φ 是偶泛函且条件

(Φ_0)对任意 $c \in \mathbb{R}$, Φ_c 关于拓扑 T_s 是闭的, $\Phi':(\Phi_c,T_s) \to (E^*,w^*)$ 是连续的,

(Φ_1)存在$\rho > 0$ 使得 $v := \inf \Phi(\partial B_\rho \cap Y) > 0$, 其中

$$B_\rho = \{u \in E : \|u\| < \rho\}$$

(Φ_2)存在 Y 的有限维子空间 Y_0 及 $R > \rho$ 使得 $\bar{c} \overset{\Delta}{=} \sup \Phi(E_0) < \infty$ 且 $\sup \Phi(E_0 \backslash S_0) < \inf \Phi(B_\rho \cap Y)$, 其中

$$E_0 \overset{\Delta}{=} X \oplus Y_0, S_0 = \{u \in E_0 : \|u\| \leqslant R\}$$

成立,如果对任意 $c \in (\nu,\bar{c})$, Φ 满足条件 $(\mathrm{C})_c$,那么, Φ 至少有 $\dim Y_0$ 对临界点,其临界值小于或等于 $\bar{c}$.

注 4.4 后面应用引理 4.4 时,取 $S = X^*$, 使得 T_s 是 $E = X \oplus Y$ 上的乘积拓扑,其中 X 上取弱拓扑, Y 上取强拓扑.

4.3　解的存在性和多重性结果

首先,给出两个解的存在性结果.

定理 4.4　如果 $F(t,x)$ 满足条件

(F_1) $\lim\limits_{|x|\to\infty}\dfrac{F(t,x)}{|x|^2}=+\infty$ 对所有的 $t\in[0,T]_{\mathbb{T}}$ 一致地成立,

(F_2) $\lim\limits_{|x|\to 0}\dfrac{F(t,x)}{|x|^2}=0$ 对所有的 $t\in[0,T]_{\mathbb{T}}$ 一致地成立,

(F_3)存在 $\lambda>2$ 和 $\beta>\lambda-2$ 使得

$$\lim_{|x|\to\infty}\sup\frac{F(t,x)}{|x|^{\lambda}}<\infty.$$

对所有的 $t\in[0,T]_{\mathbb{T}}$ 一致地成立,并且

$$\lim_{|x|\to\infty}\inf\frac{(\nabla F(t,x),\ x)-2F(t,x)}{|x|^{\beta}}>0.$$

对所有的 $t\in[0,T]_{\mathbb{T}}$ 一致的成立,

(F_4)存在 $r>0$ 使得

$$F(t,x)\geqslant 0,\forall\ |x|\leqslant r,\quad t\in[0,T]_{\mathbb{T}},$$

那么,问题(4.1.1)至少有两个解:一个是非平凡解;另一个是零解.

证明　由定理 4.1 知, $\psi\in C^1(H^1_{\Delta,T},\mathbb{R})$. 令 $X=H^1_{\Delta,T}$, $X^1=H^+$, $(e_n)_{n\geqslant 1}$ 是 H^+ 的希尔伯特基, $X^2=H^-\oplus H^0$, 定义

$$X^1_n=\mathrm{span}\{e_1,e_2,\cdots,e_n\},\ n\in\mathbb{N},$$

$$X_n^2 = X^2, n \in \mathbb{N}.$$

则有

$$X_0^1 \subset X_1^1 \subset \cdots \subset X^1, X_0^2 \subset X_1^2 \subset \cdots \subset X^2, X^1 = \overline{\bigcup_{n \in \mathbb{N}} X_n^1}, X^2 = \overline{\bigcup_{n \in \mathbb{N}} X_n^2},$$

而且

$$\dim X_n^1 < +\infty, \quad \dim X_n^2 < +\infty, \quad n \in \mathbb{N}.$$

这里分四步证明定理 4.4.

第一步，证明 ψ 满足条件 $(\mathrm{C})^*$.

设 $\{u_{\alpha_n}\} \subset H_{\Delta,T}^1$，其中 $\{\alpha_n\}$ 是相容的并且

$$u_{\alpha_n} \in X_{\alpha_n}; \sup |\psi(u_{\alpha_n})| < +\infty; (1 + \|u_{\alpha_n}\|)\psi'(u_{\alpha_n}) \to 0$$

则存在常数 $C_{22} > 0$ 使得对充分大的 n 有

$$|\psi(u_{\alpha_n})| \leqslant C_{22}, \quad (1 + \|u_{\alpha_n}\|)\psi'(u_{\alpha_n}) \leqslant C_{22}. \tag{4.3.1}$$

另一方面，由条件 (F_3) 知，存在 $C_{23} > 0$ 及 $\rho_1 > 0$ 使得当 $|x| \geqslant \rho_1, t \in [0,T]_{\mathbb{T}}$ 时，

$$F(t,x) \leqslant C_{23} |x|^{\lambda}. \tag{4.3.2}$$

再由条件(A)得，当 $|x| \leqslant \rho_1, t \in [0,T]_{\mathbb{T}}$ 时，

$$|F(t,x)| \leqslant \max_{s \in [0,\rho_1]} a(s)b(t). \tag{4.3.3}$$

利用式(4.3.2)和式(4.3.3)得，当 $x \in \mathbb{R}^N, t \in [0,T]_{\mathbb{T}}$ 时，

$$|F(t,x)| \leqslant \max_{s \in [0,\rho_1]} a(s)b(t) + C_{33} |x|^{\lambda}. \tag{4.3.4}$$

因为 $d_{lm} \in L^{\infty}([0,T]_{\mathbb{T}}, \mathbb{R})(l,m = 1,2,\cdots,N)$，所以存在常数 $C_{24} \geqslant 1$ 使得

$$\left| \int_{[0,T)_{\mathbb{T}}} A(\sigma(t)u^{\sigma}(t), u^{\sigma}(t))\Delta t \right| \leqslant C_{24} \left| \int_{[0,T)_{\mathbb{T}}} |u^{\sigma}(t)|^2 \Delta t \right|, \quad \forall u \in H_{\Delta,T}^1. \tag{4.3.5}$$

应用式(4.3.4)、式(4.3.5)和 Hölder's 不等式可得，当 n 充分大时，

$$\frac{1}{2}\|u_{\alpha_n}\|^2 = \psi(u_{\alpha_n}) + \frac{1}{2}\int_{[0,T)_{\mathbb{T}}} |u_{\alpha_n}^{\sigma}(t)|^2 \Delta t +$$

$$\frac{1}{2}\int_{[0,T)_{\mathbb{T}}}(A(\sigma(t))u_{\alpha_n}^{\sigma}(t),u_{\alpha_n}^{\sigma}(t))\Delta t+\int_{[0,T)_{\mathbb{T}}}F(\sigma(t),u_{\alpha_n}^{\sigma}(t))\Delta t$$

$$\leqslant C_{22}+\frac{1}{2}\int_{[0,T)_{\mathbb{T}}}|u_{\alpha_n}^{\sigma}(t)|^2\Delta t+\frac{1}{2}C_{24}\int_{[0,T)_{\mathbb{T}}}|u_{\alpha_n}^{\sigma}(t)|^2\Delta t+$$

$$C_{23}\int_{[0,T)_{\mathbb{T}}}|u_{\alpha_n}^{\sigma}(t)|^{\lambda}\Delta t+\max_{s\in[0,\rho_1]}a(s)\int_{[0,T)_{\mathbb{T}}}b^{\sigma}(t)\Delta t$$

$$\leqslant C_{22}+C_{24}\int_{[0,T)_{\mathbb{T}}}|u_{\alpha_n}^{\sigma}(t)|^2\Delta t+$$

$$C_{23}\int_{[0,T)_{\mathbb{T}}}|u_{\alpha_n}^{\sigma}(t)|^{\lambda}\Delta t+\max_{s\in[0,\rho_1]}a(s)\int_{[0,T)_{\mathbb{T}}}b^{\sigma}(t)\Delta t$$

$$\leqslant C_{22}+C_{24}T^{\frac{\lambda-2}{\lambda}}\left(\int_{[0,T)_{\mathbb{T}}}|u_{\alpha_n}^{\sigma}(t)|^{\lambda}\Delta t\right)^{\frac{2}{\lambda}}+$$

$$C_{23}\int_{[0,T)_{\mathbb{T}}}|u_{\alpha_n}^{\sigma}(t)|^{\lambda}\Delta t+C_{25},\tag{4.3.6}$$

其中 $C_{25}=\max\limits_{s\in[0.\rho_1]}a(s)\int_{[0,T)_{\mathbb{T}}}b^{\sigma}(t)\Delta t$. 另一方面,由条件 ($F_3$) 知,存在 $C_{26}>0,\rho_2>0$ 使得当 $|x|\geqslant\rho_2,t\in[0,T]_{\mathbb{T}}$ 时,

$$(\nabla F(t,x),x)-2F(t,x)\geqslant C_{26}|x|^{\beta}.\tag{4.3.7}$$

再利用条件 (A) 可得,当 $|x|\leqslant\rho_2,t\in[0,T]_{\mathbb{T}}$ 时,

$$|(\nabla F(t,x),x)-2F(t,x)|\leqslant C_{27}b(t).\tag{4.3.8}$$

其中 $C_{27}=(2+\rho_2)\max\limits_{s\in[0,\rho_2]}a(s)$. 合并式 (4.3.7) 和式(4.3.8) 得,当 $x\in\mathbb{R}^N,t\in[0,T]_{\mathbb{T}}$ 时,

$$(\nabla F(t,x),x)-2F(t,x)\geqslant C_{26}|x|^{\beta}-C_{26}\rho_2^{\beta}-C_{27}b(t).\tag{4.3.9}$$

从而,由 式(4.3.1) 和式(4.3.9) 知,对充分大的 n 有

$$3C_{22}\geqslant 2\psi(u_{\alpha_n})-\langle\psi'(u_{\alpha_n}),u_{\alpha_n}\rangle$$

$$=\int_{[0,T)_{\mathbb{T}}}[(\nabla F(\sigma(t),u_{\alpha_n}^{\sigma}(t)),u_{\alpha_n}^{\sigma}(t))-2F(\sigma(t),u_{\alpha_n}^{\sigma}(t))]\Delta t$$

$$\geqslant C_{26}\int_{[0,T)_{\mathbb{T}}}|u_{\alpha_n}^{\sigma}(t)|^{\beta}\Delta t-C_{26}\rho_2^{\beta}T-C_{27}\int_{[0,T)_{\mathbb{T}}}b^{\sigma}(t)\Delta t. \quad (4.3.10)$$

从式(4.3.10)可以看出，$\int_{[0,T)_{\mathbb{T}}}|u_{\alpha_n}^{\sigma}(t)|^{\beta}\Delta t$ 有界. 如果 $\beta>\lambda$，由 Hölder's 不等式知，

$$\int_{[0,T)_{\mathbb{T}}}|u_{\alpha_n}^{\sigma}|^{\lambda}\Delta t\leqslant T^{\frac{\beta-\lambda}{\beta}}\left(\int_{[0,T)_{\mathbb{T}}}|u_{\alpha_n}^{\sigma}\Delta t|\right)^{\frac{\lambda}{\beta}}. \quad (4.3.11)$$

式(4.3.6)和式(4.3.11)说明 $\{u_{\alpha_n}\}$ 在 $H_{\Delta,T}^1$ 中有界. 如果 $\beta\leqslant\lambda$，则由式(2.3.19)得

$$\begin{aligned}\int_{[0,T)_{\mathbb{T}}}|u_{\alpha_n}^{\sigma}(t)|^{\lambda}\Delta t&=\int_{[0,T)_{\mathbb{T}}}|u_{\alpha_n}^{\sigma}(t)|^{\beta}|u_{\alpha_n}^{\sigma}(t)|^{\lambda-\beta}\Delta t\\&\leqslant\|u_{\alpha_n}\|_{\infty}^{\lambda-\beta}\int_{[0,T)_{\mathbb{T}}}|u_{\alpha_n}^{\sigma}(t)|^{\beta}\Delta t\\&\leqslant K^{\lambda-\beta}\|u_{\alpha_n}\|^{\lambda-\beta}\int_{[0,T)_{\mathbb{T}}}|u_{\alpha_n}^{\sigma}(t)|^{\beta}\Delta t. \quad (4.3.12)\end{aligned}$$

因为 $\lambda-\beta<2$，结合式(4.3.6)和式(4.3.12)得，$\{u_{\alpha_n}\}$ 在 $H_{\Delta,T}^1$ 中有界. 综合以上两种情况得，$\{u_{\alpha_n}\}$ 在 $H_{\Delta,T}^1$ 中有界. 通过取子列，可不妨假设在 $H_{\Delta,T}^1$ 中，$u_{\alpha_n}\xrightarrow{\text{弱}}u$. 利用定理 2.9 得，$\|u_{\alpha_n}-u\|_{\infty}\to0$. 所以 $\|u_{\alpha_n}^{\sigma}-u^{\sigma}\|_{\infty}\to0$ 并且 $\int_{[0,T)_{\mathbb{T}}}|u_{\alpha_n}^{\sigma}-u^{\sigma}|^2\Delta t\to0$. 又因为

$$\begin{aligned}&\int_{[0,T)_{\mathbb{T}}}|u_{\alpha_n}^{\Delta}(t)-u^{\Delta}(t)|^2\Delta t\\&=\langle\psi'(u_{\alpha_n})-\psi'(u),u_{\alpha_n}-u\rangle+\\&\quad\int_{[0,T)_{\mathbb{T}}}(A(\sigma(t))(u_{\alpha_n}^{\sigma}(t)-u^{\sigma}(t)),u_{\alpha_n}^{\sigma}(t)-u^{\sigma}(t))\Delta t+\\&\quad\int_{[0,T)_{\mathbb{T}}}(\nabla F(\sigma(t),u_{\alpha_n}^{\sigma}(t))-\nabla F(\sigma(t),u^{\sigma}(t)),u_{\alpha_n}^{\sigma}(t)-u^{\sigma}(t))\Delta t,\end{aligned}$$

所以 $\int_{[0,T)_{\mathbb{T}}}|u_{\alpha_n}^{\Delta}(t)-u^{\Delta}(t)|^2\Delta t\to0$，而且 $\|u_{\alpha_n}-u\|\to0$. 故在 $H_{\Delta,T}^1$

中，$u_{\alpha_n} \to u$.

从而证明了 ψ 满足条件（C）* .

第二步，证明 ψ 将有界集映为有界集.

由 式(4.2.2)、式(4.3.4)、式(4.3.5) 和定理 2.8 得，对任意 $u \in H^1_{\Delta,T}$，

$$
\begin{aligned}
|\psi(u)| &= \frac{1}{2}\int_{[0,T)_{\mathbb{T}}} |u^{\Delta}(t)|^2 \Delta t - \frac{1}{2}\int_{[0,T)_{\mathbb{T}}} (A(\sigma(t))u^{\sigma}(t), u^{\sigma}(t))\Delta t - \\
&\quad \int_{[0,T)_{\mathbb{T}}} F(\sigma(t), u^{\sigma}(t))\Delta t \\
&\leqslant \frac{1}{2}\int_{[0,T)_{\mathbb{T}}} |u^{\Delta}(t)|^2 \Delta t + \frac{C_{24}}{2}\int_{[0,T)_{\mathbb{T}}} |u^{\sigma}(t)|^2 \Delta t + \\
&\quad C_{23}\int_{[0,T)_{\mathbb{T}}} |u^{\sigma}(t)|^{\lambda} \Delta t + \max_{s\in[0,\rho_1]} a(s)\int_{[0,T)_{\mathbb{T}}} b^{\sigma}(t)\Delta t \\
&\leqslant \frac{1}{2}C_{24}\|u\|^2 + C_{23}T\|u\|_{\infty}^{\lambda} + C_{25} \\
&\leqslant \frac{1}{2}C_{24}\|u\|^2 + C_{23}TK^{\lambda}\|u\|^{\lambda} + C_{25}.
\end{aligned}
$$

因此，ψ 将有界集映成有界集.

第三步，证明 ψ 在 0 点处关于 (X^1, X^2) 局部环绕.

应用条件（F_2），对 $\varepsilon_1 = \dfrac{\delta}{2}$，存在 $\rho_3 > 0$ 使得当 $|x| \leqslant \rho_3, t \in [0,T]_{\mathbb{T}}$ 时，

$$
|F(t,x)| \leqslant \varepsilon_1 |x|^2. \tag{4.3.13}
$$

对任意 $u \in X^1$ 且 $\|u\| \leqslant r_1 \stackrel{\Delta}{=} \dfrac{\rho_3}{K}$，由 式(2.3.19)、式(4.2.5)、式(4.2.7) 和式(4.3.13) 知，

$$
\begin{aligned}
\psi(u) &= q(u) - \int_{[0,T)_{\mathbb{T}}} F(\sigma(t), u^{\sigma}(t))\Delta t \\
&\geqslant \delta\|u\|^2 - \varepsilon_1\int_{[0,T)_{\mathbb{T}}} |u^{\sigma}(t)|^2 \Delta t
\end{aligned}
$$

$$\geqslant \delta\|u\|^2 - \varepsilon_1\|u\|^2$$

$$= \frac{\delta}{2}\|u\|^2.$$

这说明

$$\psi(u) \geqslant 0, \forall u \in X^1, \|u\| \leqslant r_1.$$

另一方面，如果 $u = u^- + u^0 \in X^2$ 满足 $\|u\| \leqslant r_2 \overset{\Delta}{=} \frac{r}{K}$，则应用条件 (F_4)、式(2.3.19)、式(4.2.5) 和式(4.2.6) 可得，

$$\begin{aligned}\psi(u) &= q(u) - \int_{[0,T)_{\mathbb{T}}} F(\sigma(t), u^\sigma(t))\Delta t \\ &\leqslant -\delta\|u^-\|^2 - \int_{[0,T)_{\mathbb{T}}} F(\sigma(t), u^\sigma(t))\Delta t \\ &\leqslant -\delta\|u^-\|^2.\end{aligned}$$

由此可见

$$\psi(u) \leqslant 0, \forall u \in X^2, \|u\| \leqslant r^2.$$

令 $\gamma = \min\{r_1, r_2\}$，则 ψ 满足引理 4.1 的条件 (I_1).

第四步，证明对任意 $n \in \mathbb{N}$，当 $\|u\| \to \infty, u \in X_n^1 \oplus X^2$ 时，

$$\psi(u) \to -\infty.$$

对给定的 $n \in \Re$，因为 $X_n^1 \oplus X^2$ 是有限维空间，所以存在 $C_{28} > 0$ 使得

$$\|u\| \leqslant C_{28}\left(\int_{[0,T)_{\mathbb{T}}} |u^\sigma(t)|^2 \Delta t\right)^{\frac{1}{2}}, u \in X_n^1 \oplus X^2. \tag{4.3.14}$$

由条件 (F_1) 知，存在 $\rho_4 > 0$ 使得当 $|x| \geqslant \rho_4, t \in [0,T]_{\mathbb{T}}$ 时，

$$F(t,x) \geqslant C_{28}^2(C_7 + \delta)|x|^2. \tag{4.3.15}$$

从条件 (A) 中可以看出，当 $|x| \leqslant \rho_4, t \in [0,T]_{\mathbb{T}}$ 时，

$$|F(t,x)| \leqslant \max_{s \in [0,\rho_4]} a(s)b(t). \tag{4.3.16}$$

合并式(4.3.15) 和式(4.3.16) 得，当 $x \in \mathbb{R}^N, t \in [0,T]_{\mathbb{T}}$ 时，

$$F(t,x) \geqslant C_{28}^2(C_{24}+\delta)|x|^2 - C_{29} - \max_{s\in[0,\rho_4]} a(s)b(t),$$

(4.3.17)

其中 $C_{29}=C_{28}^2(C_{24}+\delta)\rho_4^2$. 联合式(4.2.2)、式(4.2.6)、式(4.3.5)、式(4.3.14)和式(4.3.17)知,对 $u=u^++u^0+u^-\in X_n^1\oplus X^2=X_n^1\oplus H^0\oplus H^-$,

$$\begin{aligned}
\psi(u) &= \frac{1}{2}\int_{[0,T)_{\mathbb{T}}}|u^{\Delta}(t)|^2\Delta t - \frac{1}{2}\int_{[0,T)_{\mathbb{T}}}(A(\sigma(t))u^{\sigma}(t),u^{\sigma}(t))\Delta t - \\
&\quad \int_{[0,T)_{\mathbb{T}}}F(\sigma(t),u^{\sigma}(t))\Delta t \\
&\leqslant -\delta\|u^-\|^2 + \frac{1}{2}\int_{[0,T)_{\mathbb{T}}}|(u^+)^{\Delta}(t)|^2\Delta t - \int_{[0,T)_{\mathbb{T}}}F(\sigma(t),u^{\sigma}(t))\Delta t - \\
&\quad \frac{1}{2}\int_{[0,T)_{\mathbb{T}}}(A(\sigma(t))(u^+)^{\sigma}(t),(u^+)^{\sigma}(t))\Delta t \\
&\leqslant -\delta\|u^-\|^2 + \frac{1}{2}\int_{[0,T)_{\mathbb{T}}}|(u^+)^{\Delta}(t)|^2\Delta t + \frac{C_{24}}{2}\int_{[0,T)_{\mathbb{T}}}|(u^+)^{\sigma}(t)|^2 dt - \\
&\quad \int_{[0,T)_{\mathbb{T}}}F(\sigma(t),u^{\sigma}(t))\Delta t \\
&\leqslant -\delta\|u^-\|^2 + \frac{1}{2}C_{24}\|u^+\|^2 - C_{28}^2(C_{24}+\delta)\int_{[0,T)_{\mathbb{T}}}|u^{\sigma}(t)|^2\Delta t + \\
&\quad C_{29}T + \max_{s\in[0,\rho_4]}a(s)\int_{[0,T)_{\mathbb{T}}}b^{\sigma}(t)\Delta t \\
&\leqslant -\delta\|u^-\|^2 + C_{24}\|u^+\|^2 - (C_{24}+\delta)\|u\|^2 + C_{29}T + C_{30} \\
&= -\delta\|u^-\|^2 + C_{24}\|u^+\|^2 - (C_{24}+\delta)\|u^++u^0+u^-\|^2 + C_{29}T + C_{30} \\
&\leqslant -\delta\|u^-\|^2 + C_{24}\|u^+\|^2 - (C_{24}+\delta)\|u^+\|^2 - \delta\|u^0+u^-\|^2 + C_{29}T + C_{30} \\
&\leqslant -\delta\|u^-\|^2 + C_{24}\|u^+\|^2 - (C_{24}+\delta)\|u^+\|^2 - \delta\|u^0\|^2 + C_{29}T + C_{30} \\
&= -\delta\|u\|^2 + C_{29}T + C_{30},
\end{aligned}$$

其中 $C_{30}=\max\limits_{s\in[0,\rho_4]}a(s)\int_{[0,T)_{\mathbb{T}}}b^{\sigma}(t)\Delta t$. 因此,对任意 $n\in\mathbb{N}$, 当 $u\in X_n^1\oplus X^2$ 且 $\|u\|\to\infty$ 时, $\psi(u)\to-\infty$.

因此,由引理 4.1 知,问题 (4.1.1) 至少有两个解:一个是平凡解;另一个是零解. ■

【例 4.1】 设 $\mathbb{T}=\mathbb{R}, T=\dfrac{\pi}{2}, N=1$. 考虑时标 $\mathbb{T}$ 上的二阶 Hamiltonian 系统

$$\begin{cases}\ddot{u}(t)+A(t)u(t)+\nabla F(t,u(t))=0, a.e.\ t\in\left[0,\dfrac{\pi}{2}\right],\\ u(0)-u\left(\dfrac{\pi}{2}\right)=\dot{u}(0)-\dot{u}\left(\dfrac{\pi}{2}\right)=0,\end{cases}\tag{4.3.18}$$

其中 $A(t)=1$,

$$F(t,x)=\begin{cases}|x|^4, & |x|\geqslant 5,\\ \dfrac{625}{5-3\sqrt{2}}x-\dfrac{1\,875\sqrt{2}}{5-3\sqrt{2}}, & 3\sqrt{2}<x<5,\\ 0, & |x|\leqslant 3\sqrt{2},\\ \dfrac{625}{3\sqrt{2}-5}x-\dfrac{1\,875\sqrt{2}}{3\sqrt{2}-5}, & -5\leqslant x<-3\sqrt{2},\end{cases}\quad x\in\mathbb{R}, t\in\left[0,\frac{\pi}{2}\right].$$

易知,定理 4.4 的所有条件都成立. 由定理 4.4 知, 问题 (4.3.18) 至少有一个非平凡解. 事实上,

$$u(t)=\begin{cases}3\sqrt{2}\cos t, & t\in\left[0,\dfrac{\pi}{4}\right],\\ 3\sqrt{2}\sin t, & t\in\left[\dfrac{\pi}{4},\dfrac{\pi}{2}\right].\end{cases}$$

就是问题 (4.3.18) 的非平凡解. ■

定理 4.5 假设下列条件成立.

$(\mathrm{F}_5)\ \lim\limits_{|x|\to 0}\sup\dfrac{F(t,x)}{|x|^2}\leqslant 0$ 对所有的 $t\in[0,T]_{\mathbb{T}}$ 一致地成立.

(F_6)存在常 $\theta>2$ 和 $r_3\geqslant 0$ 使得 $(\nabla F(t,x),x)\geqslant \theta F(t,x)>0$ 对所有的 $t\in[0,T]_{\mathbb{T}}$ 和 $|x|\geqslant r_3$ 一致地成立.

$(\mathrm{F}_7)\ F(t,x)\geqslant 0,\forall x\in\mathbb{R}^N,t\in[0,T]_{\mathbb{T}}$.

则问题(4.1.1)至少有一个非平凡解.

证明　设 $E_1=H^+,E_2=H^-\oplus H^0,E=H^1_{\Delta,T}$. 则 E 是实 Hilbert 空间,并且 $E=E_1\oplus E_2,E_2=E_1^{\perp},\dim(E_2)<+\infty$.

首先,证明 ψ 满足 P.S. 条件. 事实上,设 $\{u_k\}\subset H^1_{\Delta,T}$ 使得 $|\psi(u_k)|\leqslant C_{31}$,且当 $k\to\infty$ 时,$\psi'(u_k)\to 0$. 与定理4.4的证明一样,只需证明 $\{u_k\}$ 在 $H^1_{\Delta,T}$ 中有界即可. 应用条件(F_6)得,存在常数 C_{32},C_{33} 使得

$$F(t,x)\geqslant C_{32}|x|^{\theta}-C_{33},\forall t\in[0,T]_{\mathbb{T}},\forall x\in\mathbb{R}^N,\tag{4.3.19}$$

(可参见文献[83]). 再由条件(F_6)和式(4.3.19)知,对充分大的 k,有

$$\begin{aligned}
&2C_{31}+\|u_k\|\\
&\geqslant 2\psi(u_k)-\langle\psi'(u_k),u_k\rangle\\
&=\int_{[0,T)_{\mathbb{T}}}[(\nabla F(\sigma(t),u_k^{\sigma}(t)),u_k^{\sigma}(t))-2F(\sigma(t),u_k^{\sigma}(t))]\Delta t\\
&=(\theta-2)\int_{[0,T)_{\mathbb{T}}}F(\sigma(t),u_k^{\sigma}(t))\Delta t+\\
&\quad\int_{[0,T)_{\mathbb{T}}}[(\nabla F(\sigma(t),u_k^{\sigma}(t)),u_k^{\sigma}(t))-\theta F(\sigma(t),u_k^{\sigma}(t))]\Delta t\\
&\geqslant(\theta-2)\int_{[0,T)_{\mathbb{T}}}(C_{32}|u_k^{\sigma}(t)|^{\theta}-C_{33})\Delta t+\\
&\quad\int_{[0,T)_{\mathbb{T}}}[(\nabla F(\sigma(t),u_k^{\sigma}(t)),u_k^{\sigma}(t))-\theta F(\sigma(t),u_k^{\sigma}(t))]\Delta t
\end{aligned}$$

$$\geqslant (\theta-2)C_{32}\int_{[0,T)_{\mathbb{T}}}|u_k^{\sigma}(t)|^{\theta}\Delta t-(\theta-2)C_{33}T-C_{34}, \quad (4.3.20)$$

其中 $C_{34}=(r_3+\theta)\max\limits_{s\in[0,r_3]}a(s)\int_{[0,T)_{\mathbb{T}}}b^{\sigma}(t)\Delta t$. 式(4.3.20) 说明,存在 $C_{35}>0$ 使得

$$\int_{[0,T)_{\mathbb{T}}}|u_k^{\sigma}(t)|^{\theta}\Delta t\leqslant C_{35}(1+\|u_k\|), \quad (4.3.21)$$

结合式(4.2.2)和式(4.3.21)和 Hölder's 不等式得,对充分大的 k,有

$$\begin{aligned}
&\theta C_{31}+\|u_k\|\\
&\geqslant \theta\psi(u_k)-\langle\psi'(u_k),u_k\rangle\\
&=\left(\frac{\theta}{2}-1\right)\int_{[0,T)_{\mathbb{T}}}[|u_k^{\Delta}(t)|^2-(A(\sigma(t))u_k^{\sigma}(t),u_k^{\sigma}(t))]\Delta t+\\
&\quad\int_{[0,T)_{\mathbb{T}}}[(\nabla F(\sigma(t),u_k^{\sigma}(t)),u_k^{\sigma}(t))-\theta F(\sigma(t),u_k^{\sigma}(t))]\Delta t\\
&\geqslant\left(\frac{\theta}{2}-1\right)\|u_k\|^2-\left(\frac{\theta}{2}-1\right)\int_{[0,T)_{\mathbb{T}}}|u_k^{\sigma}(t)|^2\Delta t-\\
&\quad\left(\frac{\theta}{2}-1\right)C_{24}\int_{[0,T)_{\mathbb{T}}}|u_k^{\sigma}(t)|^2\Delta t-C_{34}\\
&=\left(\frac{\theta}{2}-1\right)\|u_k\|^2-\left(\frac{\theta}{2}-1\right)(1+C_{24})\int_{[0,T)_{\mathbb{T}}}|u_k^{\sigma}(t)|^2\Delta t-C_{34}\\
&\geqslant\left(\frac{\theta}{2}-1\right)\|u_k\|^2-\left(\frac{\theta}{2}-1\right)(1+C_{24})T^{\frac{\theta-2}{\theta}}\left(\int_{[0,T)_{\mathbb{T}}}|u_k|^{\theta}\Delta t\right)^{\frac{2}{\theta}}-C_{34}\\
&\geqslant\left(\frac{\theta}{2}-1\right)\|u_k\|^2-\left(\frac{\theta}{2}-1\right)(1+C_{24})T^{\frac{\theta-2}{\theta}}(C_{35}(1+\|u_k\|))^{\frac{2}{\theta}}-C_{34}.
\end{aligned}$$

$$(4.3.22)$$

由于 $\theta>2$, 结合 式(4.3.22) 知, $\{u_k\}$ 在 $H_{\Delta,T}^1$ 中有界.

对 $\varepsilon_2=\dfrac{\delta}{2}$, 由条件 ($F_5$) 知,存在 $\rho_5>0$ 使得

$$F(t,x) \leqslant \varepsilon_2 |x|^2,\ |x| < \rho_5, t \in [0,T]_{\mathbb{T}}. \qquad (4.3.23)$$

当 $u \in E^1$ 且 $\|u\| \leqslant \rho_6 \stackrel{\Delta}{=} \dfrac{\rho_5}{K}$ 时,由式(2.3.19)、式(4.2.5)、式(4.2.7)和式(4.3.23)得

$$\begin{aligned}\psi(u) &= q(u) - \int_{[0,T)_{\mathbb{T}}} F(\sigma(t), u^\sigma(t))\Delta t \\ &\geqslant \delta\|u\|^2 - \varepsilon_2 \int_{[0,T)_{\mathbb{T}}} |u^\sigma(t)|^2 \Delta t \\ &\geqslant \delta\|u\|^2 - \varepsilon_2\|u\|^2 \\ &= \delta\|u\|^2 - \frac{\delta}{2}\|u\|^2 \\ &\geqslant \frac{\delta}{2}\|u\|^2.\end{aligned}$$

从而,

$$\psi(u) \geqslant \frac{\delta\rho_6^2}{2} \stackrel{\Delta}{=} \alpha_0 > 0, \forall u \in E^1, \|u\| = \rho_6. \qquad (4.3.24)$$

另外,由定理 4.3 知,J_1' 是紧算子. 由 式(4.2.5) 和式(4.3.24) 知 ψ 满足引理 4.2 的条件 (I_5)、条件 (I_6) 和条件(I_7) 以及条件(ⅰ), 其中 $S = \partial B_{\rho_6} \cap E_1$.

设 $e \in E_1 \cap \partial B_1, r_4 > \rho_6, r_5 > 0, Q = \{se : s \in (0, r_4)\} \oplus (B_{r_5} \cap E_2)$ 且 $\tilde{E} = \mathrm{span}\{e\} \oplus E_2$. 则 S 和 ∂Q 环绕,其中 $B_{r_5} = \{u \in E : \|u\| \leqslant r_5\}$.

再设

$$Q_1 = \{u \in E_2 : \|u\| \leqslant r_5\}, Q_2 = \{r_4 e + u : u \in E_2, \|u\| \leqslant r_5\},$$
$$Q_3 = \{se + u : s \in [0, r_4], u \in E_2, \|u\| \leqslant r_5\},$$

则 $\partial Q = Q_1 \cup Q_2 \cup Q_3$.

利用条件 (F_7)、式(4.2.5) 和式(4.2.6) 得, $\psi\big|_{Q_1} \leqslant 0$. 对每个 $r_4 e + u \in Q_2$, 有 $u = u^0 + u^- \in E_2$, 而且 $\|u\| \leqslant r_5$. 因为有限维空间中的

任意范数都等价,所以由 式(4.3.19) 知,存在常数 $C_{36} > 0$ 使得

$$\int_{[0,T)_{\mathbb{T}}} F(\sigma(t), r_4 e^{\sigma}(t) + u^{\sigma}(t))\Delta t \geqslant C_{32}\int_{[0,T)_{\mathbb{T}}} |r_4 e^{\sigma}(t) + u^{\sigma}(t)|^{\theta}\Delta t - C_{33}T$$

$$\geqslant C_{36}\|r_4 e + u\|^{\theta} - C_{33}T$$

$$= C_{36}(r_4^2 + \|u\|^2)^{\frac{\theta}{2}} - C_{33}T.$$

由于 $\theta > 2$, 因而对充分大的 $r_4 > \rho_6$ 有

$$\psi(r_4 e + u) = \frac{r_4^2}{2}\langle (I-K)e, e\rangle + \frac{1}{2}\langle (I-K)u, u\rangle -$$

$$\int_{[0,T)_{\mathbb{T}}} F(\sigma(t), r_4 e^{\sigma}(t) + u^{\sigma}(t))\Delta t$$

$$\leqslant \frac{r_4^2}{2}\|I-K\| - \delta\|u^-\|^2 - C_{36}(r_4^2 + \|u\|^2)^{\frac{\theta}{2}} + C_{33}T$$

$$\leqslant \frac{r_4^2}{2}\|I-K\| - C_{36}r_4^{\theta} + C_{33}T$$

$$\leqslant 0.$$

此外,当 $se + u \in Q_3$ 时, $s \in [0, r_4]$, $u \in E_2$, $\|u\| = r_5$. 由有限维空间范数的等价性及式 (4.3.19) 知,对充分大的 $r_5 > r_4$, 有

$$\int_{[0,T)_{\mathbb{T}}} F(\sigma(t), se^{\sigma}(t) + u^{\sigma}(t))\Delta t$$

$$\geqslant C_{32}\int_{[0,T)_{\mathbb{T}}} |se^{\sigma}(t) + u^{\sigma}(t)|^{\theta}\Delta t - C_{33}T$$

$$\geqslant C_{36}\|se + u\|^{\theta} - C_{33}T$$

$$= C_{36}(s^2 + r_5^2)^{\frac{\theta}{2}} - C_{33}T.$$

因此,

$$\psi(se + u) = \frac{s^2}{2}\langle (I-K)e, e\rangle + \frac{1}{2}\langle (I-K)u, u\rangle -$$

$$\int_{[0,T)_{\mathbb{T}}} F(\sigma(t), se^{\sigma}(t) + u^{\sigma}(t))\Delta t$$

$$\leqslant \frac{s^2}{2}\|I-K\| - \delta\|u^-\|^2 - C_{36}(s^2+r_5^2)^{\frac{\theta}{2}} + C_{33}T$$

$$\leqslant \frac{r_4^2}{2}\|I-K\| - C_{36}r_5^{\theta} + C_{33}T$$

$$\leqslant 0.$$

综上所述，ψ 满足引理 4.2 的所有条件. 因此 ψ 有临界值 $c \geqslant \alpha_0 > 0$. 从而，问题(4.1.1)至少有一个非平凡解. ■

【例 4.2】 设 $\mathbb{T}=\{\sqrt{n}: n \in \mathbb{N}_0\}$, $T=16$, $N=3$. 考虑时标 T 上的二阶 Hamiltonian 系统

$$\begin{cases} u\left(\sqrt{t^2+1}\right) + \nabla F\left(\sqrt{t^2+1}, u\left(\sqrt{t^2+1}\right)\right) = 0, \Delta\text{-}a.e.\ t \in [0,16]_{\mathbb{T}}^{\kappa}, \\ u(0)-u(16)=u^{\Delta}(0)-u^{\Delta}(16)=0, \end{cases} \tag{4.3.25}$$

其中 $F(t,x)=(1+t)$, $x \in \mathbb{R}^3$, $t \in [0,16]_{\mathbb{T}}$.

由 $F(t,x)$ 的定义知，定理 4.4 的所有条件都满足. 因此，由定理 4.4 知，问题(4.3.25)至少有一个非平凡解.

接下来，证明两个解的多重性结果.

定理 4.6 如果条件 (F_5)、条件 (F_6) 和条件 (F_8) $F(t,x)$ 关于变元 x 是偶的，并对任意 $t \in [0,T]_{\mathbb{T}}$, $F(t,0)=0$, 成立，那么，问题 (4.1.1) 有一个无界的解序列.

证明 设 $W=H^+$, $V=H^- \oplus H^0$, $E=H^1_{\Delta,T}$. 则有

$$E=V\oplus W, \dim V<+\infty, \psi \in C^1(E,R).$$

从定理 4.5 的证明可知，ψ 满足 P.S. 条件，并且存在 $\rho_6>0$ 和 $\alpha_0>0$ 使得

$$\psi(u) \geqslant \alpha_0, \forall u \in W, \|u\|=\rho_6.$$

对 E 的任意有限子空间 $\tilde{E}$, 根据式(4.2.2)、式(4.3.5)、式(4.3.19) 和有限维空间范数的等价性知，存在 $C_{37}>0$ 使得

$$\begin{aligned}\psi(u) &= \frac{1}{2}\int_{[0,T)_{\mathbb{T}}} |u^{\Delta}(t)|^2 \Delta t - \int_{[0,T)_{\mathbb{T}}} F(\sigma(t), u^{\sigma}(t))\Delta t - \\ &\quad \frac{1}{2}\int_{[0,T)_{\mathbb{T}}} (A(\sigma(t))u^{\sigma}(t), u^{\sigma}(t))\Delta t \\ &\leqslant \frac{1}{2}\|u\|^2 + \frac{1}{2}C_{24}\int_{[0,T)_{\mathbb{T}}} |u^{\sigma}(t)|^2\Delta t - \\ &\quad C_{32}\int_{[0,T)_{\mathbb{T}}} |u^{\sigma}(t)|^{\theta}\Delta t + C_{33}T \\ &\leqslant \frac{1}{2}(1 + C_{24})\|u\|^2 - C_{37}\|u\|^{\theta} + C_{33}T.\end{aligned}$$

从而,当 $u \in \tilde{E}, \|u\| \to \infty$ 时,

$$\psi(u) \to -\infty. \tag{4.3.26}$$

这表明,存在 $R = R_{(\tilde{E})} > 0$ 使得

$$\psi(u) \leqslant 0, \forall u \in \tilde{E} \backslash B_R.$$

另一方面,由条件 (F_8) 知,ψ 是偶泛函且 $\psi(0) = 0$. 应用引理 4.3 可知,ψ 有一个临界点 $\{u_n\} \subset E$ 使得 $|\psi(u_n)| \to \infty$. 如果 $\{u_n\}$ 在 E 中有界,那么,由 ψ 的定义知,$\{|\psi(u_n)|\}$ 又是有界的,与 $\{|\psi(u_n)|\}$ 无界矛盾. 所以 $\{u_n\}$ 在 E 中无界. 因此,问题 (4.1.1) 有一个无界的解序列. ■

【例 4.3】 设 $\mathbb{T} = \mathbb{R}, T = 20, N = 4$. 考虑时标 T 上的二阶 Hamiltonian 系统

$$\begin{cases} \Delta^2 u(t) + A(t+1)u(t+1) + \nabla F(t+1, u(t+1)) = 0, \quad t \in [0,19] \cap \mathbb{Z}, \\ u(0) - u(20) = \Delta u(0) - \Delta u(20) = 0, \end{cases} \tag{4.3.27}$$

其中 $A(t)$ 是单位矩阵,

$$F(t,x) = |x|^4, \quad \forall x \in \mathbb{R}^4, t \in [0,20] \cap \mathbb{Z}.$$

易知定理 4.6 的各条件均满足. 因此,由定理 4.6 知,问题 (4.3.27) 有

一个无界的解序列.

注 4.5　在定理 4.6 中,如果去掉"$F(t,0)=0$"这一条件,则得到如下定理.

定理 4.7　假设条件 (F_5)、条件 (F_6) 和条件

(F_9) $F(t,x)$ 关于变元 x 是偶的,

成立,则问题 (4.1.1) 有无穷多个解.

证明　在引理 4.4 中,取 $Y=H^+$, $X=H^-\oplus H^0$, $E=H^1_{\Delta,T}$. 那么,从定理 4.6 的证明知, $E=X\oplus Y$, $\dim(X)<+\infty$, ψ 是偶泛函,而且 $\psi\in C^1(E,R)$ 满足 P. S. 条件,存在 $\rho_6,\alpha_0>0$ 使得 $\psi|_{\partial B_{\rho_6}\cap Y}\geqslant\alpha_0$, $\inf\psi(B_{\rho_6}\cap Y)>0$, 其中 $\partial B_{\rho_6}=\{u\in E:\|u\|=\rho_6\}$.

对 E 的任意有限维子空间 $\tilde{E}$, 由式 (4.3.26) 知,当 $u\in\tilde{E}$, $\|u\|\to\infty$ 时,

$$\psi(u)\to-\infty.$$

从而,对 Y 的任意有限维子空间 Y_0, 条件 (Φ_2) 成立. 而且,由于 $\dim(X)<+\infty$, $\psi\in C^1(E,R)$, 故条件 (Φ_0) 也成立. 因而,引理 4.4 的各条件均成立. 根据引理 4.4 得,问题 (4.1.1) 有无穷多个解. ■

注 4.6　在定理 4.7 中,去掉了定理 4.6 中"$F(t,0)=0$"这一条件,就只能得到无穷多解的存在性,而得不到定理 4.6 中解序列无界这一结论.

第 5 章　时标上的一类具阻尼项的二阶 Hamiltonian 系统解的存在性

5.1　引　言

在本章中，我们考虑时标 $\mathbb{T}$ 上的一类具阻尼项的二阶 Hamiltonian 系统

$$\begin{cases} u^{\Delta^2}(t)+\omega(t)u^{\Delta}(\sigma(t))=\nabla F(\sigma(t),u(\sigma(t))),\Delta\text{-}a.e.\ t\in[0,T]_{\mathbb{T}}^{\kappa}, \\ u(0)-u(T)=0,u^{\Delta}(0)-u^{\Delta}(T)=0, \end{cases} \tag{5.1.1}$$

解的存在性，其中 $u^{\Delta}(t)$ 表示 u 在点 t 处的 Δ- 导数，$u^{\Delta^2}(t)=(u^{\Delta})^{\Delta}(t)$，$\sigma$

是 $\mathbb{T}$ 上的前跳跃算子，T 为正常数，$\omega \in \Re^{+}([0,T]_{\mathbb{T}},\mathbb{R})$，$e_{\omega}(T,0)=1$，$F:[0,T]_{\mathbb{T}} \times \mathbb{R}^{N} \to \mathbb{R}$ 满足第 3 章中的条件 (A).

当 $\mathbb{T}=\mathbb{R}$ 时，问题 (5.1.1) 就是具阻尼项的二阶 Hamiltonian 系统

$$\begin{cases} \ddot{u}(t)+\omega(t)\dot{u}(t)=\nabla F(t,u(t)), a.e.\ t \in [0,T], \\ u(0)-u(T)=0, \dot{u}(0)-\dot{u}(T)=0. \end{cases} \tag{5.1.2}$$

当 $\mathbb{T}=\mathbb{Z}$，$T \geqslant 2$ 时，问题 (5.1.1) 就是具阻尼项的二阶离散 Hamiltonian 系统

$$\begin{cases} \Delta^{2}(t)+\omega(t)\Delta u(t+1)=\nabla F(t+1,u(t+1)), t \in [0,T-1] \cap \mathbb{Z}, \\ u(0)-u(T)=0, \Delta u(0)-\Delta u(T)=0. \end{cases}$$

对于问题(5.1.2)，在应用临界点定理研究其解的存在性时，构造其对应的变分结构比较困难，文献[84]构造了其对应的变分结构，并得到其解的一些存在性结果. 但是，据笔者所知，至今，还没有研究者用临界点理论研究过问题(5.1.1)解的存在性和多重性. 在本章中，我们将构造问题(5.1.1)对应的变分结构，并用临界点定理研究问题(5.1.1)的解的存在性，并举例说明所得结果的有效性.

5.2　变分结构设置

在本节中，我们在空间 $H_{\Delta,T}^{1}$ 中定义其内积和范数使其和第 2 章中所定义的内积和范数等价. 在新定义的内积和范数下，构造问题(5.1.1)对

应的泛函,并证明所构造的泛函的临界点就是问题(5.1.1)的解.

由定理2.7知,空间 $H^1_{\Delta,T}$ 在内积

$$\langle u,v\rangle_{H^1_{\Delta,T}} = \int_{[0,T)_{\mathbb{T}}} (u^{\sigma}(t),v^{\sigma}(t))\Delta t + \int_{[0,T)_{\mathbb{T}}} (u^{\Delta}(t),v^{\Delta}(t))\Delta t$$

和其对应的范数

$$\|u\|_{H^1_{\Delta,T}} = \left(\int_{[0,T)_{\mathbb{T}}} |u^{\sigma}(t)|^2\Delta t + \int_{[0,T)_{\mathbb{T}}} |u^{\Delta}(t)|^2\Delta t\right)^{\frac{1}{2}}$$

下是 Hilbert 空间.

因为 $\omega \in \Re^+([0,T]_{\mathbb{T}},\mathbb{R})$, 根据文献[3]中的定理2.44得,

$$e_w(t,0) > 0, \quad \forall t \in [0,T]_{\mathbb{T}}.$$

在本节中,我们在 $H^1_{\Delta,T}$ 上定义其内积

$$\langle u,v\rangle = \int_{[0,T)_{\mathbb{T}}} e_{\omega}(t,0)(u^{\sigma}(t),v^{\sigma}(t))\Delta t + \int_{[0,T)_{\mathbb{T}}} e_{\omega}(t,0)(u^{\Delta}(t),v^{\Delta}(t))\Delta t$$

和范数

$$\|u\| = \left(\int_{[0,T)_{\mathbb{T}}} e_{\omega}(t,0)|u^{\sigma}(t)|^2\Delta t + \int_{[0,T)_{\mathbb{T}}} e_{\omega}(t,0)|u^{\Delta}(t)|^2\Delta t\right)^{\frac{1}{2}}. \tag{5.2.1}$$

证明如下定理.

定理 5.1 在 $H^1_{\Delta,T}$ 中,范数 $\|\cdot\|$ 和范数 $\|\cdot\|_{H^1_{\Delta,T}}$ 等价.

证明 因为 $e_{\omega}(\cdot,0)$ 在$[0,T]_{\mathbb{T}}$ 上连续,而且

$$e_{\omega}(t,0) > 0, \quad \forall t \in [0,T]_{\mathbb{T}},$$

所以存在正常数 M_1 和 M_2 使得

$$M_1 = \min_{t\in[0,T]_{\mathbb{T}}} e_{\omega}(t,0), M_2 = \max_{t\in[0,T]_{\mathbb{T}}} e_{\omega}(t,0).$$

因此,

$$\sqrt{M_1}\,\|u\|_{H^1_{\Delta,T}} \leqslant \|u\| \leqslant \sqrt{M_2}\,\|u\|_{H^1_{\Delta,T}}, \quad \forall u \in H^1_{\Delta,T}.$$

从而范数 $\|\cdot\|$ 和范数 $\|\cdot\|_{H^1_{\Delta,T}}$ 等价. ■

考虑泛函 $\varphi_3: H^1_{\Delta,T} \to \mathbb{R}$,

$$\varphi_3(u)=\frac{1}{2}\int_{[0,T)_{\mathbb{T}}}e_\omega(t,0)\ |u^\Delta(t)|^2\Delta t+\int_{[0,T)_{\mathbb{T}}}e_\omega(t,0)F(\sigma(t),u^\sigma(t))\Delta t, \tag{5.2.2}$$

我们证明如下结论.

定理 5.2　泛函 φ_3 在 $H^1_{\Delta,T}$ 上连续可微,且对任意 $v\in H^1_{\Delta,T}$,

$$\langle u_3'(u),v\rangle=\int_{[0,T)_{\mathbb{T}}}e_\omega(t,0)(u^\Delta(t),v^\Delta(t))\Delta t+$$

$$\int_{[0,T)_{\mathbb{T}}}e_\omega(t,0)(\ \nabla F(\sigma(t),u^\sigma(t)),v^\sigma(t))\Delta t.$$

证明　对任意 $x,y\in\mathbb{R}^N$, $\forall t\in[0,T]_{\mathbb{T}}$, 令

$$L(t,x,y)=e_\omega(\rho(t),0)\left[\frac{1}{2}|y|^2+F(t,x)\right].$$

则由条件 (A) 知, $L(t,x,y)$ 满足定理 2.10 的所有假设. 根据定理 2.10, 泛函 φ_3 在 $H^1_{\Delta,T}$ 上连续可微,且对任意 $v\in H^1_{\Delta,T}$,

$$\langle u_3'(u),v\rangle=\int_{[0,T)_{\mathbb{T}}}e_\omega(t,0)(u^\Delta(t),v^\Delta(t))\Delta t+$$

$$\int_{[0,T)_{\mathbb{T}}}e_\omega(t,0)(\ \nabla F(\sigma(t),u^\sigma(t)),v^\sigma(t))\Delta t.$$ ■

定理 5.3　如果 $u\in H^1_{\Delta,T}$ 是 φ_3 在 $H^1_{\Delta,T}$ 上的临界点,即 $\varphi_3'(u)=0$, 那么 u 是问题 (5.1.1) 的解.

证明　因为 $\varphi_3'(u)=0$, 所以由定理 5.2 知,对任意 $v\in H^1_{\Delta,T}$,

$$\int_{[0,T)_{\mathbb{T}}}e_\omega(t,0)(u^\Delta(t),v^\Delta(t))\Delta t+$$

$$\int_{[0,T)_{\mathbb{T}}}e_\omega(t,0)(\ \nabla F(\sigma(t),u^\sigma(t)),v^\sigma(t))\Delta t=0,$$

即对任意 $v\in H^1_{\Delta,T}$,

$$\int_{[0,T)_{\mathbb{T}}}e_\omega(t,0)(u^\Delta(t),v^\Delta(t))\Delta t$$

$$= -\int_{[0,T)_{\mathbb{T}}} e_{\omega}(t,0)(\nabla F(\sigma(t),u^{\sigma}(t)),v^{\sigma}(t))\Delta t.$$

由条件 (A) 和定义 2. 14 得出，$e_{\omega}(\cdot,0)u^{\Delta} \in H^1_{\Delta,T}$. 根据定理 2. 6 和式 (2. 3. 6)，存在唯一的 $x \in V^{1,2}_{\Delta,T}([0,T]_{\mathbb{T}},\mathbb{R}^N)$ 使得

$$x(t)=u(t),$$

$$(e_{\omega}(t,0)x^{\Delta}(t))^{\Delta}$$

$$= e_{\omega}(t,0)\nabla F(\sigma(t),u^{\sigma}(t)),\Delta\text{-}a.e.\ t \in [0,T]^{\kappa}_{\mathbb{T}}, \tag{5.2.3}$$

而且

$$\int_{[0,T)_{\mathbb{T}}} e_{\omega}(t,0)\nabla F(\sigma(t),u^{\sigma}(t))\Delta t = 0. \tag{5.2.4}$$

由 式(5. 2. 3) 得，对 Δ-几乎处处的 $\forall t \in [0,T]^{\kappa}_{\mathbb{T}}$,

$$e_{\omega}(t,0)x^{\Delta^2}(t) + \omega(t)e_{\omega}(t,0)x^{\Delta}(\sigma(t)) = e_{\omega}(t,0)\nabla F(\sigma(t),u^{\sigma}(t)). \tag{5.2.5}$$

结合 式(5. 2. 3)、式(5. 2. 4)、式(5. 2. 5) 和定理 2. 6 的证明可知，

$$x^{\Delta^2}(t) + \omega(t)e_{\omega}(t,0)x^{\Delta}(\sigma(t)) = \nabla F(\sigma(t),u^{\sigma}(t)),$$

$$\Delta\text{-}a.e.\ t \in [0,T]^{\kappa}_{\mathbb{T}}.$$

并且

$$x(0)-x(T)=0,x^{\Delta}(0)-x^{\Delta}(T)=0.$$

将 $u \in H^1_{\Delta,T}$ 和其在 $x \in V^{1,2}_{\Delta,T}([0,T]_{\mathbb{T}},\mathbb{R}^N)$ 中关于式(5. 2. 3) 的绝对连续表示 x 等同看待，在此意义下，u 是式(5. 1. 1) 的解. ■

定理 5. 4 泛函 φ_3 在 $H^1_{\Delta,T}$ 上弱下半连续.

证明 令

$$\varphi_4(u) = \frac{1}{2}\int_{[0,T)_{\mathbb{T}}} e_{\omega}(t,0)\,|u^{\Delta}(t)|^2\Delta t,$$

$$\varphi_5(u) = \int_{[0,T)_{\mathbb{T}}} e_{\omega}(t,0)F(\sigma(t),u^{\sigma}(t))\Delta t.$$

显然，φ_4 是凸的连续泛函，从而 φ_4 是弱下半连续的. 此外，假设

$\{u_n\}_{n\in\mathbb{N}}\subset H_{\Delta,T}^1$，且在 $H_{\Delta,T}^1$ 中，$u_n \xrightarrow{\text{弱}} u$. 利用定理 2.9 知，在 $C([0,T]_{\mathbb{T}},\mathbb{R}^N)$ 中，$\{u_k\}_{k\in\Re}$ 强收敛于 u. 再根据条件（A）知，

$$\begin{aligned}&|\varphi_5(u_n)-\varphi_5(u)|\\&=\left|\int_{[0,T)_{\mathbb{T}}}e_\omega(t,0)F(\sigma(t),u_n^\sigma(t))\Delta t-\int_{[0,T)_{\mathbb{T}}}e_\omega(t,0)F(\sigma(t),u^\sigma(t))\Delta t\right|\\&\leqslant M_2\int_{[0,T)_{\mathbb{T}}}|F(\sigma(t),u_n^\sigma(t))-F(\sigma(t),u^\sigma(t))|\Delta t\\&\to 0.\end{aligned}$$

从而 φ_5 是弱连续的. 因此，$\varphi_3=\varphi_4+\varphi_5$ 是弱下半连续的. ■

5.3　解的存在性结果

对任意 $u\in H_{\Delta,T}^1$，令 $\bar{u}=\frac{1}{T}\int_{[0,T)_{\mathbb{T}}}u(t)\Delta t,\tilde{u}=u(t)-\bar{u}$，则 $\int_{[0,T)_{\mathbb{T}}}\tilde{u}(t)\Delta t=0$. 下面给出本章的 3 个解的存在性结果.

定理 5.5　假设条件

(F_{10}) 存在 $f,g:[0,T]_{\mathbb{T}}\to\mathbb{R}^+,\alpha\in[0,1)$ 使得 $f^\sigma,g^\sigma\in L_\Delta^1([0,T)_{\mathbb{T}},\mathbb{R}^+)$，且对任意 $x\in\mathbb{R}^N$ 和 Δ-几乎处处的 $t\in[0,T]_{\mathbb{T}}$，

$$|\nabla F(t,x)|\leqslant f(t)|x|^\alpha+g(t),$$

(F_{11}) 当 $|x|\to\infty$ 时，$|x|^{-2\alpha}\int_{[0,T)_{\mathbb{T}}}e_\omega(t,0)F(\sigma(t),x)\Delta t\to+\infty$，

成立,则问题(5.1.1)至少有一个解.

证明 由定理2.8知,存在 $C_{42}>0$ 使得

$$\|\tilde{u}\|_\infty^2 \leqslant C_{42}\int_{[0,T)_\mathbb{T}} |u^\Delta(t)|^2\Delta t. \tag{5.3.1}$$

再由条件(F_{10}),定理2.8和式(5.3.1)得,对任意 $u\in H^1_{\Delta,T}$,

$$\begin{aligned}
&\left|\int_{[0,T)_\mathbb{T}} e_\omega(t,0)\big(F(\sigma(t),u^\sigma(t))-F(\sigma(t),\bar{u})\big)\Delta t\right| \\
\leqslant&\left|\int_{[0,T)_\mathbb{T}} e_\omega(t,0)\left(\int_0^1(\nabla F(\sigma(t),\bar{u}+s\tilde{u}^\sigma(t)),\tilde{u}^\sigma(t))\mathrm{d}s\right)\Delta t\right| \\
\leqslant& M_2\int_{[0,T)_\mathbb{T}}\left(\int_0^1 f^\sigma(t)|\bar{u}+s\tilde{u}^\sigma(t)|^\alpha|\tilde{u}^\sigma(t)|\mathrm{d}s\right)\Delta t+ \\
&M_2\int_{[0,T)_\mathbb{T}}\left(\int_0^1 g^\sigma(t)|\tilde{u}^\sigma(t)|\mathrm{d}s\right)\Delta t \\
\leqslant& 2M_2(|\bar{u}|^\alpha+\|\tilde{u}\|_\infty^\alpha)\|\tilde{u}\|_\infty\int_{[0,T)_\mathbb{T}} f^\sigma(t)\Delta t+M_2\|\tilde{u}\|_\infty\int_{[0,T)_\mathbb{T}} g^\sigma(t)\Delta t \\
\leqslant&\frac{M_1}{4C_{42}}\|\tilde{u}\|_\infty^2+\frac{4M_2^2C_{42}}{M_1}|\bar{u}|^{2\alpha}\left(\int_{[0,T)_\mathbb{T}} f^\sigma(t)\Delta t\right)^2+ \\
&2M_2\|\tilde{u}\|_\infty^{\alpha+1}\int_{[0,T)_\mathbb{T}} f^\sigma(t)\mathrm{d}t+M_2\|\tilde{u}\|_\infty\int_{[0,T)_\mathbb{T}} g^\sigma(t)\Delta t \\
\leqslant&\frac{M_1}{4}\int_{[0,T)_\mathbb{T}}|u^\Delta(t)|^2\Delta t+C_{43}|\bar{u}|^{2\alpha}+ \\
&C_{44}\left(\int_{[0,T)_\mathbb{T}}|u^\Delta(t)|^2\Delta t\right)^{\frac{\alpha+1}{2}}+C_{45}\left(\int_{[0,T)_\mathbb{T}}|u^\Delta(t)|^2\Delta t\right)^{\frac{1}{2}},
\end{aligned}$$

其中

$$C_{43}=\frac{4M_2^2C_{42}}{M_1}\left(\int_{[0,T)_\mathbb{T}} f^\sigma(t)\mathrm{d}t\right)^2, C_{44}=2M_2(C_{42})^{\frac{\alpha+1}{2}}\int_{[0,T)_\mathbb{T}} f^\sigma(t)\Delta t,$$

$$C_{45}=M_2(C_{42})^{\frac{1}{2}}\int_{[0,T)_\mathbb{T}} f^\sigma(t)\Delta t.$$

因此,对任意 $u\in H^1_{\Delta,T}$,

$$\begin{aligned}\varphi_3(u) &= \frac{1}{2}\int_{[0,T)_{\mathbb{T}}} e_\omega(t,0)\ |u^\Delta(t)|^2\Delta t + \int_{[0,T)_{\mathbb{T}}} e_\omega(t,0)F(\sigma(t),u^\sigma(t))\Delta t \\ &= \frac{1}{2}\int_{[0,T)_{\mathbb{T}}} e_\omega(t,0)\ |u^\Delta(t)|^2\Delta t + \int_{[0,T)_{\mathbb{T}}} e_\omega(t,0)F(\sigma(t),\bar{u})\Delta t + \\ &\quad \int_{[0,T)_{\mathbb{T}}} e_\omega(t,0)(F(\sigma(t),u^\sigma(t)) - F(\sigma(t),\bar{u}))\Delta t \\ &\geqslant \frac{1}{4}M_1\int_{[0,T)_{\mathbb{T}}} |u^\Delta(t)|^2\Delta t + |\bar{u}|^{2\alpha}\left(|\bar{u}|^{-2\alpha}\int_{[0,T)_{\mathbb{T}}} e_\omega(t,0)\right. \\ &\quad \left. F(\sigma(t),\bar{u})\Delta t - C_{43}\right) - C_{44}\left(\int_{[0,T)_{\mathbb{T}}} |u^\Delta(t)|^2\Delta t\right)^{\frac{\alpha+1}{2}} - \\ &\quad C_{45}\left(\int_{[0,T)_{\mathbb{T}}} |u^\Delta(t)|^2\Delta t\right)^{\frac{1}{2}} \end{aligned} \tag{5.3.2}$$

因为 $\|u\|\to\infty$ 当且仅当 $\left(|\bar{u}|^2 + \int_{[0,T)_{\mathbb{T}}} |u^\Delta(t)|^2\Delta t\right)^{\frac{1}{2}} \to \infty$，所以由式 (5.3.2) 和条件 ($F_{11}$) 可得，当 $\|u\|\to\infty$ 时，

$$\varphi_3(u) \to +\infty.$$

利用定理 5.4 和文献[60]中的定理 1.1 知，φ_3 在 $H^1_{\Delta,T}$ 上存在最小值点，其就是 φ_3 的临界点. 从而，由定理 5.3 知，问题 (5.1.1) 至少有一个解. ■

【例 5.1】 设 $\mathbb{T}=\mathbb{R}, T=2\pi, N=3$. 考虑具阻尼项的二阶 Hamiltonian 系统

$$\begin{cases}\ddot{u}(t) + \cos t\dot{u}(t) = \nabla F((t),\ u(t)), \Delta\text{-}a.\ e.\ t \in [0,2\pi], \\ u(0) - u(2\pi) = \dot{u}(0) - \dot{u}(2\pi) = 0,\end{cases} \tag{5.3.3}$$

其中

$$F(t,x) = \left(\frac{4}{3} + t\right)\ |x|^{\frac{3}{2}} + ((1,1,1),\ x),$$

因为，$F(t,x)=\left(\frac{4}{3}+t\right)|x|^{\frac{3}{2}}+((1,1,1),x)$，$\omega(t)=\cos t$，$\alpha=\frac{1}{2}$. 所以 $F(t,x)$ 满足定理 5.5 的所有条件. 根据定理 5.5、问题(5.3.3)至少有一个解. 但是，0 不是问题(5.3.3)的解. 因此，问题(5.3.3)至少有一个非平凡解.

定理 5.6 如果定理 5.5 中的条件(F_{10})和条件

(F_{12})当 $|x|\to-\infty$ 时，$|x|^{-2\alpha}\int_{[0,T)_{\mathbb{T}}}e_w(t,0)F(\sigma(t),x)\Delta t\to-\infty$，

成立，那么，问题(5.1.1)至少有一个解.

在证明定理 5.6 之前，先证明下面的引理.

引理 5.1 在定理 5.6 的假设下，φ_3 满足 P.S. 条件.

证明 设 $\{u_n\}\subseteq H^1_{\Delta,T}$ 是 φ_3 的 P.S. 序列，即 $\{\varphi_3(u_n)\}$ 有界，而且当 $n\to\infty$ 时，$\varphi_3'\to 0$. 由条件(F_{10})，定理 2.8 和式(5.3.1)得，对任意的 $n\in\mathbb{N}$，

$$
\begin{aligned}
&\left|\int_{[0,T)_{\mathbb{T}}}e_w(t,0)(F(\sigma(t),u_n^\sigma(t))-F(\sigma(t),\bar{u}_n))\Delta t\right|\\
\leqslant&\left|\int_{[0,T)_{\mathbb{T}}}e_w(t,0)\left(\int_0^1(\nabla F(\sigma(t),\bar{u}_n+su_n^\sigma(t)),u_n^\sigma(t)\right)\mathrm{d}s\Delta t\right|\\
\leqslant&M_2\int_{[0,T)_{\mathbb{T}}}\left(\int_0^1 f^\sigma(t)|\bar{u}_n+su_n^\sigma(t)|^\sigma|\tilde{u}_n^\sigma(t)|\mathrm{d}s\right)\Delta t+\\
&M_2\int_{[0,T)_{\mathbb{T}}}\left(\int_0^1 g^\sigma(t)|\tilde{u}_n^\sigma(t)|\mathrm{d}s\right)\Delta t\\
\leqslant&2M_2(|\bar{u}_n|^\alpha+\|\tilde{u}_n\|_\infty^\alpha)\|\tilde{u}_n\|_\infty\int_{[0,T)_{\mathbb{T}}}f^\sigma(t)\Delta t+\\
&M_2\|\tilde{u}_n\|_\infty\int_{[0,T)_{\mathbb{T}}}g^\sigma(t)\Delta t\\
\leqslant&\frac{M_1}{4C_{42}}\|\tilde{u}_n\|_\infty^2+\frac{4M_2^2C_{42}}{M_1}|\bar{u}_n|^{2\alpha}\left(\int_{[0,T)_{\mathbb{T}}}f^\sigma(t)\Delta t\right)^2+
\end{aligned}
$$

$$2M_2\|\tilde{u}_n\|_\infty^{\alpha+1}\int_{[0,T)_\mathbb{T}} f^\sigma(t)\Delta t + M_2\|\tilde{u}_n\|_\infty\int_{[0,T)_\mathbb{T}} g^\sigma(t)\Delta t$$

$$\leqslant \frac{M_1}{4}\int_{[0,T)_\mathbb{T}} |u^\Delta(t)|^2\Delta t + C_{43}|\bar{u}|^{2\alpha} +$$

$$C_{44}\left(\int_{[0,T)_\mathbb{T}} |u^\Delta(t)|^2\Delta t\right)^{\frac{\alpha+1}{2}} + C_{45}\left(\int_{[0,T)_\mathbb{T}} |u^\Delta(t)|^2\Delta t\right)^{\frac{1}{2}}. \quad (5.3.4)$$

由式(5.3.4)和条件(F_{10})得,对充分大的 n,

$$\|\tilde{u}_n\| \geqslant \langle \varphi_3'(u_n), \tilde{u}_n \rangle$$

$$= \int_{[0,T)_\mathbb{T}} e_w(t,0)|u_n^\Delta(t)|^2\Delta t +$$

$$\int_{[0,T)_\mathbb{T}} e_w(t,0)(\nabla F(\sigma(t),u_n^\sigma(t)), u_n^\sigma(t), \tilde{u}_n(t))\Delta t$$

$$\geqslant \frac{3M_1}{4}\int_{[0,T)_\mathbb{T}} |u_n^\Delta(t)|^2\Delta t - C_{43}|\bar{u}_n|^{2\alpha} -$$

$$C_{44}\left(\int_{[0,T)_\mathbb{T}} |u_n^\Delta(t)|^2\Delta t\right)^{\frac{\alpha+1}{2}} - C_{45}\left(\int_{[0,T)_\mathbb{T}} |u_n^\Delta(t)|^2\Delta t\right)^{\frac{1}{2}} \quad (5.3.5)$$

结合式(5.2.1)和式(5.3.1)可得

$$M_1\int_{[0,T)_\mathbb{T}} |u_n^\Delta(t)|^2\Delta t \leqslant \|\tilde{u}_n\|^2 \leqslant M_2(1+TC_{42})\int_{[0,T)_\mathbb{T}} |u_n^\Delta(t)|^2\Delta t. \quad (5.3.6)$$

式(5.3.5)和式(5.3.6)说明,对充分大的 n, 存在正常数 C_{46} 和 C_{47} 使得

$$C_{46}|\bar{u}_n|^\alpha \geqslant \left(\int_{[0,T)_\mathbb{T}} |u_n^\Delta(t)|^2\Delta t\right)^{\frac{1}{2}} - C_{47}. \quad (5.3.7)$$

类似于定理 5.5 的证明知,对所有的 $n \in \mathbb{N}$,

$$\left|\int_{[0,T)_\mathbb{T}} e_w(t,0)(F(\sigma(t),u_n^\sigma(t)) - F(\sigma(t),\bar{u}_n))\Delta t\right|$$

$$\leqslant \frac{M_1}{4}\int_{[0,T)_\mathbb{T}} |u_n^\Delta(t)|^2\Delta t + C_{43}|\bar{u}_n|^{2\alpha} +$$

$$C_{44}\left(\int_{[0,T)_{\mathbb{T}}}|u_n^{\Delta}(t)|^2\Delta t\right)^{\frac{\alpha+1}{2}}+C_{45}\left(\int_{[0,T)_{\mathbb{T}}}|u_n^{\Delta}(t)|^2\Delta t\right)^{\frac{1}{2}}. \quad (5.3.8)$$

根据 $\varphi_3(u_n)$ 的有界性,以及式(5.3.7)和式(5.3.8),存在 C_{48} 使得

$$\begin{aligned}
C_{48} &\leqslant \varphi_3(u_n)\\
&=\frac{1}{2}\int_{[0,T)_{\mathbb{T}}}e_w(t,0)\,|u^{\Delta}(t)|^2\Delta t+\\
&\quad\int_{[0,T)_{\mathbb{T}}}e_w(t,0)\left(F(\sigma(t),u_n^{\sigma}(t))-F(\sigma(t),\bar{u}_n)\right)\Delta t+\\
&\quad\int_{[0,T)_{\mathbb{T}}}e_w(t,0)F(\sigma(t),\bar{u}_n)\Delta t\\
&\leqslant \frac{3}{4}M_2\int_{[0,T)_{\mathbb{T}}}|u_n^{\Delta}(t)|^2\Delta t+C_{43}|\bar{u}_n|^{2\alpha}+\int_{[0,T)_{\mathbb{T}}}e_w(t,0)F(\sigma(t),\bar{u}_n)\Delta t+\\
&\quad C_{44}\left(\int_{[0,T)_{\mathbb{T}}}|u_n^{\Delta}(t)|^2\Delta t\right)^{\frac{\alpha+1}{2}}+C_{45}\left(\int_{[0,T)_{\mathbb{T}}}|u_n^{\Delta}(t)|^2\Delta t\right)^{\frac{1}{2}}\\
&\leqslant |\bar{u}_n|^{2\alpha}\left(|\bar{u}_n|^{-2\alpha}\int_{[0,T)_{\mathbb{T}}}e_w(t,0)F(\sigma(t),\bar{u}_n)\Delta t+C_{49}\right). \quad (5.3.9)
\end{aligned}$$

对充分大的 n 和某个常数 C_{49} 成立. 从而由式(5.3.9)和条件 (F_{12}) 知, $\{|\bar{u}_n|\}$ 有界. 因此,由式(5.3.6)和式(5.3.7)知 $\{u_n\}$ 在 $H^1_{\Delta,T}$ 中有界. 因此,存在 $\{u_n\}$ 的子列,不妨仍记为 $\{u_n\}$, 使得在 $H^1_{\Delta,T}$ 中,

$$u_n \xrightarrow{\text{弱}} u \quad (5.3.10)$$

由定理 2.9 知,在 $C([0,T]_{\mathbb{T}},\mathbb{R}^N)$ 上,

$$u_n \to u \quad (5.3.11)$$

另一方面,有

$$\begin{aligned}
&\langle \varphi_3'(u_n)-\varphi_3'(u),u_n-u\rangle\\
&=\int_{[0,T)_{\mathbb{T}}}e_w(t,0)\,|u_n^{\Delta}(t)-u^{\Delta}(t)|^2\Delta t+\\
&\quad\int_{[0,T)_{\mathbb{T}}}e_w(t,0)\left(\nabla F(\sigma(t),u_n^{\sigma}(t)),u_n^{\sigma}(t)-u^{\sigma}(t)\right)\Delta t-
\end{aligned}$$

$$\int_{[0,T)_{\mathbb{T}}} e_w(t,0)(\nabla F(\sigma(t),u^\sigma(t)),u_n^\sigma(t)-u^\sigma(t))\Delta t. \quad (5.3.12)$$

联合式(5.3.10)、式(5.3.11)、式(5.3.12)和条件(A)可得,在 $H^1_{\Delta,T}$ 上,$u_n \to u$. 从而,φ_3 满足 P.S. 条件. ■

现在证明定理 5.6.

证明　类似定理 3.5 的证明,记 $H^1_{\Delta,T}$ 的子空间 W 如下:

$$W=\left\{u \in H^1_{\Delta,T}:\int_{[0,T)_{\mathbb{T}}} u(t)=0\right\},$$

则有,$H^1_{\Delta,T}=\mathbb{R}^N \oplus W$. 证明

$$\varphi_3(u) \to +\infty, \quad u \in W,\|u\| \to \infty. \quad (5.3.13)$$

事实上,如果 $u \in W$, 则 $\bar{u}=0$, 类似定理 5.5 的证明,有

$$\begin{aligned}&\left|\int_{[0,T)_{\mathbb{T}}} e_w(t,0)(F(\sigma(t),u^\sigma(t))-F(\sigma(t),0))\Delta t\right| \\ &\leqslant \frac{M_1}{4}\int_{[0,T)_{\mathbb{T}}}|u^\Delta(t)|^2\Delta t+C_{44}\left(\int_{[0,T)_{\mathbb{T}}}|u^\Delta(t)|^2\Delta t\right)^{\frac{\alpha+1}{2}}+ \\ &C_{45}\left(\int_{[0,T)_{\mathbb{T}}}|u^\Delta(t)|^2\Delta t\right)^{\frac{1}{2}}. \quad (5.3.14)\end{aligned}$$

再由式(5.3.14)知,当 $u \in W$ 时,

$$\begin{aligned}\varphi_3(u)&=\frac{1}{2}\int_{[0,T)_{\mathbb{T}}} e_w(t,0)|u^\Delta(t)|^2\Delta t+\int_{[0,T)_{\mathbb{T}}} e_w(t,0)(F(\sigma(t),0))\Delta t+ \\ &\int_{[0,T)_{\mathbb{T}}} e_w(t,0)(F(\sigma(t),u^\sigma(t))-F(\sigma(t),0))\Delta t \\ &\geqslant \frac{M_1}{4}\int_{[0,T)_{\mathbb{T}}}|u^\Delta(t)|^2\Delta t-C_{44}\left(\int_{[0,T)_{\mathbb{T}}}|u^\Delta(t)|^2\Delta t\right)^{\frac{\alpha+1}{2}}- \\ &C_{45}\left(\int_{[0,T)_{\mathbb{T}}}|u^\Delta(t)|^2\Delta t\right)^{\frac{1}{2}}+\int_{[0,T)_{\mathbb{T}}} e_w(t,0)(F(\sigma(t),0))\Delta t.\end{aligned}$$

(5.3.15)

根据定理 2.8 和定理 5.1 得,对任意 $u \in \mathbb{W}$,

$$\|u\| \to \infty \Leftrightarrow \|u^{\Delta}\|_{L^2_{\Delta,T}} \to \infty.$$

因此,由式(5.3.15)可得式(5.3.13).

另一方面,从条件(F_{12})可得,当 $u \in \mathbb{R}^N$ 且 $|u| \to \infty$ 时,

$$\varphi_3(u) = \int_{[0,T)_{\mathbb{T}}} e_w(t,0)F(\sigma(t), u)\Delta t$$

$$\leqslant |u|^{2\alpha}\left(|u|^{-2\alpha}\int_{[0,T)_{\mathbb{T}}} e_w(t,0)F(\sigma(t), u)\Delta t\right) \to -\infty.$$

然后,根据定理 5.3、引理 3.1 和引理 5.1 得,问题(5.1.1)至少有一个解.

■

【例 5.2】 设 $\mathbb{T} = \mathbb{Z}, T = 20, N = 5$. 考虑时标 $\mathbb{T}$ 上具阻尼项的二阶 Hamiltonian 系统

$$\begin{cases}\Delta^2(t) + \omega(t)\Delta u(t+1) = \nabla F((t+1), u(t+1)), t \in [0,19] \cap \mathbb{Z},\\ u(0) - u(20) = \Delta u(0) - \Delta u(20) = 0,\end{cases} \tag{5.3.16}$$

其中 $F(t,x) = -|x|^{\frac{5}{3}} + ((1,1,2,1,0), x)$,

$$w(t) = \begin{cases} -\dfrac{1}{2}, & t \in [0,18] \cap \mathbb{Z},\\ 2^{18} - 1, & t = 19.\end{cases}$$

由于

$$F(t,x) = -|x|^{\frac{5}{3}} + ((1,1,2,1,0), x), \alpha = \frac{2}{3},$$

$$e_w(t,0) = \prod_{s=0}^{t-1}(1 + w(s)), e_w(20,0) = 1,$$

经验证,定理 5.6 的各条件均满足. 由定理 5.6 知,问题(5.3.16)至少有一个解. 而且,0 不是问题(5.3.16)的解. 因而,问题(5.3.16)至少有一个非平凡解.

定理 5.7　设条件

(F_{13}) $F(t,\cdot)$ 对 Δ- 几乎处处的 $t\in[0,T]_{\mathbb{T}}$ 是凸的,且当 $|x|\to\infty$ 时,

$$\int_{[0,T)_{\mathbb{T}}} e_w(t,0)F(\sigma(t),x)\Delta t\to+\infty,$$

成立,则问题(5.1.1)至少有一个解.

证明　由假设条件知,函数 $\tilde{G}:\mathbb{R}^N\to\mathbb{R}$

$$\tilde{G}(x)=\int_{[0,T)_{\mathbb{T}}} e_w(t,0)F(\sigma(t),x)\Delta t$$

在某点 $\bar{x}$ 处能取得最小值,而且

$$\int_{[0,T)_{\mathbb{T}}} e_w(t,0)\nabla F(\sigma(t),\bar{x})\Delta t=0. \tag{5.3.17}$$

设 $\{u_k\}$ 为 φ_3 的极小化序列. 由文献[60]中的命题 1.4 和式(5.3.17)知,

$$\begin{aligned}
\varphi_3(u_k)=&\frac{1}{2}\int_{[0,T)_{\mathbb{T}}} e_w(t,0)\,|u_k^{\Delta}(t)|^2\Delta t+\\
&\int_{[0,T)_{\mathbb{T}}} e_w(t,0)(F(\sigma(t),u_k^{\sigma}(t))-F(\sigma(t),\bar{x}))\Delta t+\\
&\int_{[0,T)_{\mathbb{T}}} e_w(t,0)F(\sigma(t),\bar{x})\Delta t\\
\geqslant&\frac{1}{2}\int_{[0,T)_{\mathbb{T}}} e_w(t,0)\,|u_k^{\Delta}(t)|^2\Delta t+\int_{[0,T)_{\mathbb{T}}} e_w(t,0)F(\sigma(t),\bar{x})\Delta t+\\
&\int_{[0,T)_{\mathbb{T}}} e_w(t,0)(\nabla F(\sigma(t),\bar{x}),u_k^{\sigma}(t)-\bar{x})\Delta t\\
=&\frac{1}{2}\int_{[0,T)_{\mathbb{T}}} e_w(t,0)\,|u_k^{\Delta}(t)|^2\Delta t+\int_{[0,T)_{\mathbb{T}}} e_w(t,0)F(\sigma(t),\bar{x})\Delta t+\\
&\int_{[0,T)_{\mathbb{T}}} e_w(t,0)(\nabla F(\sigma(t),\bar{x}),\tilde{u}_k^{\sigma}(t))\Delta t,
\end{aligned} \tag{5.3.18}$$

其中 $\tilde{u}_k(t)=u_k(t)-\overline{u}_k$,$\overline{u}_k=\dfrac{1}{T}\int_{[0,T)_{\mathbb{T}}} u_k(t)\Delta t$. 应用式(5.3.18)和定理 2.8

知，存在常数 C_{50}，C_{51} 使得

$$\varphi_3(u_k)\geqslant\frac{1}{2}\int_{[0,T)_{\mathbb{T}}}e_w(t,0)\,|u_k^{\Delta}(t)|^2\Delta t+\int_{[0,T)_{\mathbb{T}}}e_w(t,0)F(\sigma(t),\bar{x})\Delta t-$$

$$M_2\left(\int_{[0,T)_{\mathbb{T}}}|\nabla F(\sigma(t),\bar{x})|\Delta t\right)\|\tilde{u}_k\|_\infty$$

$$\geqslant\frac{1}{2}M_1\int_{[0,T)_{\mathbb{T}}}e_w(t,0)\,|u_k^{\Delta}(t)|^2\Delta t-C_{50}-C_{51}\left(\int_{[0,T)_{\mathbb{T}}}|u_k^{\Delta}(t)|^2\Delta t\right)^{\frac{1}{2}}.\tag{5.3.19}$$

再由式(5.3.19)知，存在 $C_{52}>0$ 使得

$$\int_{[0,T)_{\mathbb{T}}}|u_k^{\Delta}(t)|^2\Delta t\leqslant C_{52}.\tag{5.3.20}$$

利用定理 2.8、定理 5.1 和式(5.3.20)可得，存在 $C_{53}>0$ 使得

$$\|\tilde{u}_k\|_\infty\leqslant C_{53}.\tag{5.3.21}$$

由条件 (F_{13}) 得出，对 Δ- 几乎处处的 $t\in[0,T]_{\mathbb{T}}$ 和任意的 $k\in\mathbb{N}$，

$$F\left(\sigma(t),\frac{\bar{u}_k}{2}\right)=F\left(\sigma(t),\frac{\bar{u}_k^{\sigma}(t)-\tilde{u}_k^{\sigma}(t)}{2}\right)$$

$$\leqslant\frac{1}{2}F(\sigma(t),u_k^{\sigma}(t))+\frac{1}{2}F(\sigma(t),-\tilde{u}_k^{\sigma}(t)).\tag{5.3.22}$$

联合式(5.2.2)和式(5.3.22)得

$$\varphi_3(u_k)\geqslant\frac{1}{2}\int_{[0,T)_{\mathbb{T}}}e_w(t,0)\,|u_k^{\Delta}(t)|^2\Delta t+$$

$$2\int_{[0,T)_{\mathbb{T}}}e_w(t,0)F\left(\sigma(t),\frac{\bar{u}_k}{2}\right)\Delta t-$$

$$\int_{[0,T)_{\mathbb{T}}}e_w(t,0)F(\sigma(t),-\tilde{u}_k^{\sigma}(t))\Delta t.\tag{5.3.23}$$

从而，由式(5.3.21)及式(5.3.23)知，存在 $C_{54}>0$ 使得

$$\varphi_3(u_k)\geqslant 2\int_{[0,T)_{\mathbb{T}}}e_w(t,0)F\left(\sigma(t),\frac{\bar{u}_k}{2}\right)\Delta t-C_{54}.\tag{5.3.24}$$

由式(5.3.24)和条件 (F_{13}) 可说明，$\{\bar{u}_k\}$ 有界. 从而，可由定理 2.8、定理 5.1 和式(5.3.20)得出 $\{u_k\}$ 在 $H^1_{\Delta,T}$ 中有界. 根据定理 5.4 和文献[60]中的定理 1.1 知，φ_3 在 $H^1_{\Delta,T}$ 上有最小值点，其就是 φ_3 的临界点. 因此，问题(5.1.1)至少有一个解. ■

【例 5.3】 设 $\mathbb{N}_0 = \mathbb{N} \cup \{0\}$，$\mathbb{T} = \{2^k : k \in \mathbb{N}_0\}$，$T = 64$，$N = 1$. 考虑时标 $\mathbb{T}$ 上具阻尼项的二阶 Hamiltonian 系统

$$\begin{cases} u^{\Delta^2}(t) + w(t)u^{\Delta}(2t) = \nabla F(2t, u(2t)),\ t \in \{1,2,4,8,16,32\}, \\ u(0) - u(64) = u^{\Delta}(0) - u^{\Delta}(64) = 0 \end{cases} \tag{5.3.25}$$

其中 $F(t,x) = x^2 + 2x$，

$$w(t) = \begin{cases} -\dfrac{1}{2t}, & t \in \{1,2,4,8,16\}; \\ \dfrac{31}{32}, & t = 32. \end{cases}$$

因为 $F(t,x) = x^2 + 2x$，$e_w(t,0) = \prod\limits_{s \in \mathbb{T} \cap (0,t)} (1 + sw(s))$，$e_w(64,0) = 1$，容易验证，定理 5.7 的所有条件都满足. 因而，由定理 5.7 知，问题(5.3.25)至少有一个解，但 0 显然不是问题(5.3.25)的解. 故问题(5.3.25)至少有一个非平凡解.

第6章　时标上的一类阻尼振动问题解的存在性和多重性

6.1　引　言

作为第2章所建立的时标上的 Sobolev 空间的又一个应用,我们研究时标 $\mathbb{T}$ 上的阻尼振动问题

$$\begin{cases} u^{\Delta^2}(t) + w(t)u^{\Delta}(\sigma(t)) + A(\sigma(t))u(\sigma(t)) = \nabla F(\sigma(t),u(\sigma(t))), \\ \Delta\text{-}a.e.\ ,t \in [0,T]_{\mathbb{T}}^{\kappa}, \\ u(0) - u(T) = 0,\ u^{\Delta}(0) - u^{\Delta}(T) = 0, \end{cases} \tag{6.1.1}$$

其中 $u^{\Delta}(t)$ 表示 u 在点 t 处的 Δ- 导数，$u^{\Delta^2}(t)=(u^{\Delta})^{\Delta}(t)$，$\sigma$ 是 $\mathbb{T}$ 上的前跳跃算子，T 为正常数，$A(t)=[d_{ij}(t)]$ 是定义在 $[0,T]_{\mathbb{T}}$ 上的 N 阶矩阵值函数，且对所有 $i,j=1,2,\cdots,N$，$d_{ij}\in L^{\infty}([0,T]_{\mathbb{T}},\mathbb{R})$，$w\in\Re^{+}([0,T]_{\mathbb{T}},\mathbb{R})$，$e_w(T,0)=1$，而且 $F:[0,T]_{\mathbb{T}}\times\mathbb{R}^N\to\mathbb{R}$ 满足第 3 章的条件 (A).

当 $\mathbb{T}=\mathbb{R}$ 时，问题(6.1.1)就是阻尼振动问题

$$\begin{cases}\ddot{u}(t)+w(t)\dot{u}(t)+A(t)u(t)=\nabla F(t,u(t)),\Delta\text{-}a.e.\ t\in[0,T],\\ u(0)-u(T)=0,\dot{u}(0)-\dot{u}(T)=0.\end{cases}\tag{6.1.2}$$

当 $\mathbb{T}=\mathbb{Z}$ [illegible] 2 时，问题(6.1.1)就是离散阻尼振动问题

$$\begin{cases}\Delta^2 \text{[illegible]} u(t+1)+A(t+1)u(t+1)=\nabla F(t+1,u(t+1)),\\ \text{[illegible]}\ \mathbb{Z},\\ u\text{[illegible]},\Delta u(0)-\Delta u(T)=0.\end{cases}$$

对[illegible]题(6.1.2)，文献[85]构造出其对应的变分结构，并用临界点定理研究了其解的存在性和多重性. 但据笔者所知，由于构造问题(6.1.1)的变分结构很困难，直到现在，都还没有研究者用变分方法，尤其是临界点理论来研究问题(6.1.1)解的存在性和多重性. 因此，在本章中，在第 2 章建立的 Sobolev 空间 $H^1_{\Delta,T}$ 上建立问题(6.1.1)的变分结构，然后用几个临界点定理研究其解的存在性和多重性，并举例说明所得结果的有效性.

6.2 变分泛函的构造

在本节中，与第 5 章一样，定义空间 $H^1_{\Delta,T}$ 中的另一个内积和范数，使其和第 2 章中所定义的内积和范数等价. 在新定义的内积和范数下，构造问题(6. 1. 1)对应的泛函，并证明所构造的泛函的临界点就是问题(6. 1. 1)的解. 从而，实现了研究问题(6. 1. 1)解的存在性和多重性到寻找其对应泛函的临界点的转化，得到解的存在性和多重性的一些结果.

由定理 2. 7 知，空间 $H^1_{\Delta,T}$ 在内积

$$\langle u,v\rangle_{H^1_{\Delta,T}}=\int_{[0,T)_{\mathbb{T}}}(u^{\sigma}(t),v^{\sigma}(t))\Delta t+\int_{[0,T)_{\mathbb{T}}}(u^{\Delta}(t),v^{\Delta}(t))\Delta t$$

和其对应的范数

$$\|u\|_{H^1_{\Delta,T}}=\left(\int_{[0,T)_{\mathbb{T}}}|u^{\sigma}(t)|^2\Delta t+\int_{[0,T)_{\mathbb{T}}}|u^{\Delta}(t)|^2\Delta t\right)^{\frac{1}{2}}$$

下是 Hilbert 空间.

因为 $w\in\Re^+([0,T]_{\mathbb{T}},\mathbb{R})$，与第 5 章一样，在空间 $H^1_{\Delta,T}$ 中，考虑内积

$$\langle u,v\rangle=\int_{[0,T)_{\mathbb{T}}}e_w(t,0)(u^{\sigma}(t),v^{\sigma}(t))\Delta t+\int_{[0,T)_{\mathbb{T}}}e_w(t,0)(u^{\Delta}(t),v^{\Delta}(t))\Delta t$$

和其对应的范数

$$\|u\|=\left(\int_{[0,T)_{\mathbb{T}}}e_w(t,0)|u^{\sigma}(t)|^2\Delta t+\int_{[0,T)_{\mathbb{T}}}e_w(t,0)|u^{\Delta}(t)|^2\Delta t\right)^{\frac{1}{2}}. \tag{6.2.1}$$

在第 5 章中证明了范数 $\|\cdot\|$ 和范数 $\|\cdot\|_{H^1_{\Delta,T}}$ 的等价性. 在本章中,只在 Hilbert 空间 $H^1_{\Delta,T}$ 的内积 $\langle\cdot\rangle$ 和其对应的范数 $\|\cdot\|$ 下进行研究.

考虑泛函 $\tilde{\varphi}: H^1_{\Delta,T} \to \mathbb{R}$,

$$\begin{aligned}\tilde{\varphi}(u) = &\frac{1}{2}\int_{[0,T)_{\mathbb{T}}} e_w(t,0)\ |u^{\Delta}(t)|^2 \Delta t - \\ &\int_{[0,T)_{\mathbb{T}}} e_w(t,0)(A(\sigma(t))u^{\sigma}(t))\Delta t + \\ &\int_{[0,T)_{\mathbb{T}}} e_w(t,0)F(\sigma(t),u^{\sigma}(t))\Delta t \\ = &\frac{1}{2}\int_{[0,T)_{\mathbb{T}}} e_w(t,0)\ |u^{\Delta}(t)|^2 \Delta t - \\ &\int_{[0,T)_{\mathbb{T}}} e_w(t,0)(A(\sigma(t))u^{\sigma}(t),u^{\sigma}(t))\Delta t + J_2(u)\end{aligned} \tag{6.2.2}$$

其中 $J_2(u) = \int_{[0,T)_{\mathbb{T}}} e_w(t,0)F(\sigma(t),u^{\sigma}(t))\Delta t.$

下面,证明泛函 $\tilde{\varphi}$ 的一些性质.

定理 6.1　泛函 $\tilde{\varphi}$ 在 $H^1_{\Delta,T}$ 上连续可微,且对任意 $v \in H^1_{\Delta,T}$,

$$\begin{aligned}\langle\tilde{\varphi}'(u),v\rangle = &\int_{[0,T)_{\mathbb{T}}} e^w(t,0)(u^{\Delta}(t),v^{\Delta}(t))\Delta t - \\ &\int_{[0,T)_{\mathbb{T}}} e_w(t,0)(A(\sigma(t))u^{\sigma}(t),v^{\sigma}(t))\Delta t + \\ &\int_{[0,T)_{\mathbb{T}}} e_w(t,0)(\nabla F(\sigma(t),u^{\sigma}(t)),v^{\sigma}(t))\Delta t.\end{aligned} \tag{6.2.3}$$

证明　对任意 $x,y \in \mathbb{R}^N, t \in [0,T]_{\mathbb{T}}$, 令

$$L(t,x,y) = e_w(\rho(t),0)\left[\frac{1}{2}|y|^2 - \frac{1}{2}(A(t)x,x) + F(t,x)\right].$$

由条件 (A) 知, $L(t,x,y)$ 满足定理 2.10 的所有假设. 因而,由定理 2.10

可知,泛函 $\tilde{\varphi}$ 在 $H^1_{\Delta,T}$ 上连续可微且式(6.2.3)成立. ■

定理 6.2 如果 $u \in H^1_{\Delta,T}$ 是 $\tilde{\varphi}$ 在 $H^1_{\Delta,T}$ 上的临界点,即 $\tilde{\varphi}'(u)=0$, 那么, u 是问题(6.1.1)的解.

证明 因为 $\tilde{\varphi}'(u)=0$, 所以由定理 6.1 知,对任意 $v \in H^1_{\Delta,T}$,

$$\int_{[0,T)_{\mathbb{T}}} e_w(t,0)(u^{\Delta}(t),v^{\Delta}(t))\Delta t$$

$$=-\int_{[0,T)_{\mathbb{T}}} e^w(t,0)(\nabla F(\sigma(t),u^{\sigma}(t))-A(\sigma(t))u^{\sigma}(t),v^{\sigma}(t))\Delta t.$$

再根据条件 (A) 和定义 2.14 知, $e_w(\cdot,0)u^{\Delta} \in H^1_{\Delta,T}$. 由定理 2.6 和式(2.3.6)可知,存在唯一的 $x \in V^{1,2}_{\Delta,T}([0,T]_{\mathbb{T}},\mathbb{R}^N)$ 使得

$$x(t)=u(t),\quad \Delta\text{-}a.\,e.\,t \in [0,T]^{\kappa}_{\mathbb{T}}, \tag{6.2.4}$$

$$(e_w(t,0)x^{\Delta}(t))^{\Delta}=e_w(t,0)(\nabla F(\sigma(t),u^{\sigma}(t))-A(\sigma(t))u^{\sigma}(t)),$$

$$\Delta\text{-}a.\,e.\,t \in [0,T]^{\kappa}_{\mathbb{T}}, \tag{6.2.5}$$

而且

$$\int_{[0,T)_{\mathbb{T}}} e_w(t,0)(\nabla F(\sigma(t),u^{\sigma}(t))-A(\sigma(t))u^{\sigma}(t))\Delta t = 0. \tag{6.2.6}$$

利用式(6.2.4)和式(6.2.5)得

$$e_w(t,0)x^{\Delta^2}(t)+w(t)e_w(t,0)x^{\Delta}(\sigma(t))$$

$$=e_w(t,0)(\nabla F(\sigma(t),u^{\sigma}(t))-A(\sigma(t))u^{\sigma}(t)),\Delta\text{-}a.\,e.\,t \in [0,T]^{\kappa}_{\mathbb{T}}. \tag{6.2.7}$$

结合式(6.2.4)、式(6.2.5)、式(6.2.6)、式(6.2.7)和定理 2.6 的证明可得

$$x^{\Delta^2}(t)+w(t)x^{\Delta}(\sigma(t))+A(\sigma(t))u^{\sigma}(t)=\nabla F(\sigma(t),u^{\sigma}(t)),$$

$$\Delta\text{-}a.\,e.\,t \in [0,T]^{\kappa}_{\mathbb{T}},$$

并且

$$x(0)-x(T)=0,x^{\Delta}(0)-x^{\Delta}(T)=0.$$

将 $u\in H_{\Delta,T}^{1}$ 和其在 $V_{\Delta,T}^{1,2}([0,T]_{\mathbb{T}},\mathbb{R}^{N})$ 中关于式(6.2.4)、式(6.2.5)的绝对连续表示 x 等同看待，在此意义下，u 是问题(6.1.1)的解. ■

定理 6.3　J_2' 是 $H_{\Delta,T}^{1}$ 上的紧算子.

证明　设 $\{u_n\}\subset H_{\Delta,T}^{1}$ 是有界序列. 即存在 $M_3>0$ 使得对任意 $n\in\mathbb{N}$，$\|u_n\|\leqslant M_3$. 根据定理 2.8 和定理 5.1，对任意 $n\in\mathbb{N}$，$\|u_n\|_{\infty}\leqslant KM_3$. 由于 $H_{\Delta,T}^{1}$ 是 Hilbert 空间，故不妨假设当 $n\to\infty$ 时，u_n 在 $H_{\Delta,T}^{1}$ 中弱收敛于 u. 根据定理 2.9，当 $n\to\infty$ 时，$\|u_n-u\|_{\infty}\to 0$. 令 $M=\max\{KM_3,\|u\|_{\infty}\}$，$a_M=\max\limits_{|x|\leqslant M}a(x)$. 则由条件(A)得，对 Δ- 几乎处处的 $t\in[0,T]_{\mathbb{T}}$，

$$|\nabla F(\sigma(t),u_n^{\sigma}(t))-\nabla F(\sigma(t),u^{\sigma}(t))|\leqslant 2a_m b^{\sigma}(t).$$

因此，

$$\lim_{n\to\infty}\int_{[0,T)_{\mathbb{T}}}|\nabla F(\sigma(t),u_n^{\sigma}(t))-\nabla F(\sigma(t),u^{\sigma}(t))|\Delta t=0.$$

从而，

$$\begin{aligned}
&\|J_2'(u_n)-J_2'(u)\|\\
&=\sup_{v\in H_{\Delta,T}^{1},\|v\|\leqslant 1}\left|\int_{[0,T)_{\mathbb{T}}}e_w(t,0)(\nabla F(\sigma(t),u_n^{\sigma}(t))-\right.\\
&\qquad\left.\nabla F(\sigma(t),u^{\sigma}(t)),v^{\sigma}(t))\Delta t\right|\\
&\leqslant M_2\|v\|_{\infty}\int_{[0,T)_{\mathbb{T}}}|\nabla F(\sigma(t),u_n^{\sigma}(t))-\nabla F(\sigma(t),u^{\sigma}(t))|\Delta t\\
&\leqslant M_2\|v\|_{\infty}\int_{[0,T)_{\mathbb{T}}}|\nabla F(\sigma(t),u_n^{\sigma}(t))-\nabla F(\sigma(t),u^{\sigma}(t))|\Delta t\\
&\to 0\ (n\to\infty).
\end{aligned}$$

即当 $n\to\infty$ 时，

$$J_2'(u_n)\to J_2'(u).$$

这就说明 J_2' 是紧算子. ■

为了证明本章的结果,先做如下准备工作.

对任意 $u \in H_{\Delta,T}^1$, 设

$$\tilde{q}(u)=\frac{1}{2}\int_{[0,T)_{\mathbb{T}}} e_w(t,0)\left[\,|u^{\Delta}(t)|^2-(A(\sigma(t))u^{\sigma}(t),u^{\sigma}(t))\right]\Delta t,$$

那么

$$\begin{aligned}\tilde{q}(u)&=\frac{1}{2}\|u\|^2-\frac{1}{2}\int_{[0,T)_{\mathbb{T}}} e_w(t,0)\,|u^{\sigma}(t)|^2\Delta t-\\&\quad\frac{1}{2}\int_{[0,T)_{\mathbb{T}}} e_w(t,0)(A(\sigma(t))u^{\sigma}(t),u^{\sigma}(t))\Delta t\\&=\frac{1}{2}\langle (I_{H_{\Delta,T}^1}-\tilde{K})u,u\rangle,\end{aligned}$$

其中 $\tilde{K}:H_{\Delta,T}^1\to H_{\Delta,T}^1$,

$$\begin{aligned}\langle \tilde{K}u,v\rangle&=\frac{1}{2}\int_{[0,T)_{\mathbb{T}}} e_w(t,0)(u^{\sigma}(t),v^{\sigma}(t))\Delta t+\\&\quad\int_{[0,T)_{\mathbb{T}}} e_w(t,0)(A(t)u^{\sigma}(t),v^{\sigma}(t))\Delta t,\ \forall u,v\in H_{\Delta,T}^1,\end{aligned}$$

$I_{H_{\Delta,T}^1}$ 表示 $H_{\Delta,T}^1$ 上的恒等算子. 由 Riesz 表示定理知, $\tilde{K}$ 是有界线性自伴算子. 由式(6.2.2), $\tilde{\varphi}(u)$ 可写成

$$\begin{aligned}\tilde{\varphi}(u)&=\tilde{q}(u)+\int_{[0,T)_{\mathbb{T}}} e_w(t,0)F(\sigma(t),u^{\sigma}(t))\Delta t\\&=\frac{1}{2}\langle (I_{H_{\Delta,T}^1}-\tilde{K})u,u\rangle+J_2(u).\end{aligned}\tag{6.2.8}$$

由于 $H_{\Delta,T}^1$ 可紧嵌入 $C([0,T]_{\mathbb{T}},\mathbb{R}^N)$ 中,因此 $\tilde{K}$ 是紧算子. 由谱分析理论知, $H_{\Delta,T}^1$ 可直和分解为

$$H_{\Delta,T}^1=\tilde{H}^-\oplus\tilde{H}^0\oplus\tilde{H}^+,$$

其中 $\tilde{H}^0=\ker(I_{H_{\Delta,T}^1}-\tilde{K})$, $\tilde{H}^-$, $\tilde{H}^+$ 满足条件,存在某个 $\bar{\delta}>0$,

$$\tilde{q}(u)\leqslant-\bar{\delta}\|u\|^2,\ u\in\tilde{H}^-,\tag{6.2.9}$$

$$\tilde{q}(u) \geqslant \bar{\delta}\|u\|^2, u \in \widetilde{H}^+. \tag{6.2.10}$$

注 6.1　因为 $\tilde{K}$ 在 $H^1_{\Delta,T}$ 上是紧算子,所以 $\tilde{K}$ 只有有限多个大于 1 的特征值. 因而, $\widetilde{H}^-$ 是 $H^1_{\Delta,T}$ 的有限维子空间. 注意到 $I_{H^1_{\Delta,T}} - \tilde{K}$ 是自伴算子 $I_{H^1_{\Delta,T}}$ 的紧扰动. 所以 0 不是算 $I_{H^1_{\Delta,T}} - \tilde{K}$ 的本质谱. 故 $\widetilde{H}^0$ 也是 $H^1_{\Delta,T}$ 的有限维子空间.

6.3　解的存在性和多重性结果

首先,证明两个解的存在性结果.

定理 6.4　设 $F(t,x)$ 满足定理 4.4 的所有假设条件,则问题(6.1.1)至少有两个解:一个是非平凡解;另一个是零解.

证明　由定理 6.1 知, $\tilde{\varphi} \in C^1(H^1_{\Delta,T},\mathbb{R})$. 令 $X = H^1_{\Delta,T}, X^1 = \widetilde{H}^+$, $(\tilde{e}_n)_{n\geqslant 1}$ 是其希尔伯特基, $X^2 = \widetilde{H}^- \oplus \widetilde{H}^0$, 而且

$$X^1_n = \operatorname{span}\{\tilde{e}_1, \tilde{e}_2, \cdots, \tilde{e}_n\}, n \in \mathbb{N},$$

$$X^2_n = X^2, n \in \mathbb{N}.$$

那么,

$$X^1_0 \subset X^1_1 \subset \cdots \subset X^1, X^2_0 \subset X^2_1 \subset \cdots \subset X^2, X^1 = \overline{\bigcup_{n\in\mathbb{N}} X^1_n}, X^2 = \overline{\bigcup_{n\in\mathbb{N}} X^2_n},$$

$$\dim X^1_n < +\infty, \dim X^2_n < +\infty, n \in \mathbb{N}.$$

这里分四步证明定理 6.4.

首先,证明 $\tilde{\varphi}$ 满足条件 (C)*.

设 $\{u_{\alpha_n}\}$ 是 $\tilde{\varphi}$ 的$(C)^*$ 序列,即 $\{\alpha_n\}$ 是相容的,并且

$$u_{\alpha_n} \in X_{\alpha_n}, \sup |\tilde{\varphi}(u_{\alpha_n})| < +\infty, (1 + \|u_{\alpha_n}\|) \tilde{\varphi}'(u_{\alpha_n}) \to 0.$$

则存在 $C_{55} > 0$,使得对充分大的 n,

$$|\tilde{\varphi}(u_{\alpha_n})| \leqslant C_{55}, (1 + \|u_{\alpha_n}\|) \tilde{\varphi}'(u_{\alpha_n}) \leqslant C_{55}. \tag{6.3.1}$$

另一方面,利用条件 (F_1) 和条件(F_3) 可得,存在常数 $C_{56} > 0$ 和 $\rho_7 > 0$ 使得对所有的 $|x| \geqslant \rho_7, t \in [0,T]_{\mathbb{T}}$,

$$|F(t,x)| \leqslant C_{56} |x|^{\lambda}. \tag{6.3.2}$$

再由条件 (A) 知,当 $|x| \leqslant \rho_7, t \in [0,T]_{\mathbb{T}}$ 时,

$$|F(t,x)| \leqslant \max_{s \in [0,\rho_7]} a(s)b(t). \tag{6.3.3}$$

结合式(6.3.2)和式(6.3.3)知,当 $x \in \mathbb{R}^N, t \in [0,T]_{\mathbb{T}}$ 时,

$$|F(t,x)| \leqslant \max_{s \in [0,\rho_7]} a(s)b(t) + C_{56} |x|^{\lambda}. \tag{6.3.4}$$

由于 $d_{lm} \in L^{\infty}([0,T]_{\mathbb{T}}, \mathbb{R})(l,m = 1,2,\cdots,N)$,因而存在 $C_{57} \geqslant 1$ 使得当 $u \in H^1_{\Delta,T}$ 时,

$$\left| \int_{[0,T)_{\mathbb{T}}} e_w(t,0)(A(\sigma(t))u^{\sigma}(t), u^{\sigma}(t))\Delta t \right|$$
$$\leqslant C_{57} \int_{[0,T)_{\mathbb{T}}} e_w(t,0) |u^{\sigma}(t)|^2 \Delta t. \tag{6.3.5}$$

应用式(6.3.4)、式(6.3.5)和 Hölder 不等式可得,对充分大的 n,

$$\begin{aligned}\frac{1}{2}\|u_{\alpha_n}\|^2 = {} & \tilde{\varphi}(u_{\alpha_n}) + \frac{1}{2}\int_{[0,T)_{\mathbb{T}}} e_w(t,0) |u^{\sigma}_{\alpha_n}(t)|^2 \Delta t + \\ & \frac{1}{2}\int_{[0,T)_{\mathbb{T}}} e_w(t,0)(A(\sigma(t))u^{\sigma}_{\alpha_n}(t), u^{\sigma}_{\alpha_n}(t))\Delta t - \\ & \int_{[0,T)_{\mathbb{T}}} e_w(t,0)F(\sigma(t), u^{\sigma}_{\alpha_n}(t))\Delta t \\ \leqslant {} & C_{55} + \frac{1}{2}\int_{[0,T)_{\mathbb{T}}} e_w(t,0) |u^{\sigma}_{\alpha_n}(t)|^2 \Delta t +\end{aligned}$$

$$
\begin{aligned}
&\frac{1}{2}C_{57}\int_{[0,T)_{\mathbb{T}}} e_w(t,0)\,|u_{\alpha_n}^{\sigma}(t)|^2\Delta t +\\
&M_2C_{56}\int_{[0,T)_{\mathbb{T}}} |u_{\alpha_n}^{\sigma}(t)|^{\lambda}\Delta t +\\
&M_2\max_{s\in[0,\rho_7]}a(s)\int_{[0,T)_{\mathbb{T}}} b^{\sigma}(t)\Delta t\\
\leqslant\ & C_{55}+C_{57}M_2\int_{[0,T)_{\mathbb{T}}} |u_{\alpha_n}^{\sigma}(t)|^2\Delta t +\\
&M_2C_{56}\int_{[0,T)_{\mathbb{T}}} |u_{\alpha_n}^{\sigma}(t)|^{\lambda}\Delta t +\\
&M_2\max_{s\in[0,\rho_7]}a(s)\int_{[0,T)_{\mathbb{T}}} b^{\sigma}(t)\Delta t\\
\leqslant\ & C_{55}+C_{57}M_2T^{\frac{\lambda-2}{\lambda}}\left(\int_{[0,T)_{\mathbb{T}}} |u_{\alpha_n}^{\sigma}(t)|^{\lambda}\Delta t\right)^{\frac{2}{\lambda}} +\\
&M_2C_{56}\int_{[0,T)_{\mathbb{T}}} |u_{\alpha_n}^{\sigma}(t)|^{\lambda}\Delta t + C_{58},
\end{aligned}
\tag{6.3.6}
$$

其中 $C_{58}=M_2\max\limits_{s\in[0,\rho_7]}a(s)\int_{[0,T)_{\mathbb{T}}} b^{\sigma}(t)\Delta t$. 另外,由条件 ($F_3$) 知,存在 $C_{59}>0$, $\rho_8>0$ 使得当 $|x|\geqslant\rho_8, t\in[0,T]_{\mathbb{T}}$ 时,

$$2F(t,x)-(\nabla F(t,x),x)\geqslant C_{59}|x|^{\beta}. \tag{6.3.7}$$

利用条件 (A) 得,当 $|x|\leqslant\rho_8, t\in[0,T]_{\mathbb{T}}$ 时,

$$|(\nabla F(t,x),x)-2F(t,x)|\leqslant C_{60}b(t), \tag{6.3.8}$$

其中 $C_{60}=(2+\rho_8)\max\limits_{s\in[0,\rho_8]}a(s)$. 合并式(6.3.7)和式(6.3.8)得,对任意 $x\in\mathbb{R}^N, t\in[0,T]_{\mathbb{T}}$,

$$2F(t,x)-(\nabla F(t,x),x)\geqslant C_{59}|x|^{\beta}-C_{59}\rho_8^{\beta}-C_{60}b(t). \tag{6.3.9}$$

因此,结合式(6.3.1)和式(6.3.9)知,对充分大的 n,

$$3C_{55}\geqslant 2\tilde{\varphi}(u_{\alpha_n})-\langle\tilde{\varphi}'(u_{\alpha_n}),u_{\alpha_n}\rangle$$

$$= \int_{[0,T)_{\mathbb{T}}} e_w(t,0)[2F(\sigma(t),u_{\alpha_n}^{\sigma}(t)) - (\nabla F(\sigma(t),u_{\alpha_n}^{\sigma}(t)),u_{\alpha_n}^{\sigma}(t))]\Delta t$$

$$\geqslant M_1 C_{59}\int_{[0,T)_{\mathbb{T}}} |u_{\alpha_n}^{\sigma}(t)|^{\beta}\Delta t - M_2 C_{59}\rho_8^{\beta}T - M_2 C_{60}\int_{[0,T)_{\mathbb{T}}} b^{\sigma}(t)\Delta t. \tag{6.3.10}$$

式(6.3.10)说明, $\int_{[0,T)_{\mathbb{T}}} |u_{\alpha_n}^{\sigma}(t)|^{\beta}\Delta t$ 有界. 如果 $\beta > \lambda$, 由 Hölder 不等式知

$$\int_{[0,T)_{\mathbb{T}}} |u_{\alpha_n}^{\sigma}|^{\lambda}\Delta t \leqslant T^{\frac{\beta-1}{\beta}}\left(\int_{[0,T)_{\mathbb{T}}} |u_{\alpha_n}^{\sigma}|^{\beta}\Delta t\right)^{\frac{\lambda}{\beta}}. \tag{6.3.11}$$

根据式(6.3.6)及式(6.3.11)得, $\{u_{\alpha_n}\}$ 在 $H_{\Delta,T}^1$ 中有界. 如果 $\beta \leqslant \lambda$, 利用式(2.3.19)可得,

$$\begin{aligned}
\int_{[0,T)_{\mathbb{T}}} |u_{\alpha_n}^{\sigma}(t)|^{\lambda}\Delta t &= \int_{[0,T)_{\mathbb{T}}} |u_{\alpha_n}^{\sigma}(t)|^{\beta}|u_{\alpha_n}^{\sigma}(t)|^{\lambda-\beta}\Delta t \\
&\leqslant \|u_{\alpha_n}\|_{\infty}^{\lambda-\beta}\int_{[0,T)_{\mathbb{T}}} |u_{\alpha_n}^{\sigma}(t)|^{\beta}\Delta t \\
&\leqslant K^{\lambda-\beta}\|u_{\alpha_n}\|_{H_{\Delta,T}^1}^{\lambda-\beta}\int_{[0,T)_{\mathbb{T}}} |u_{\alpha_n}^{\sigma}(t)|^{\beta}\Delta t \\
&\leqslant K^{\lambda-\beta}M_2^{\frac{\lambda-\beta}{2}}\|u_{\alpha_n}\|^{\lambda-\beta}\int_{[0,T)_{\mathbb{T}}} |u_{\alpha_n}^{\sigma}(t)|^{\beta}\Delta t.
\end{aligned} \tag{6.3.12}$$

由于 $\lambda - \beta < 2$, 联合式(6.3.6)和式(6.3.12)知, $\{u_{\alpha_n}\}$ 在 $H_{\Delta,T}^1$ 中有界. 综合上述情况, $\{u_{\alpha_n}\}$ 在 $H_{\Delta,T}^1$ 中有界. 通过取子列的方式,可假设在 $H_{\Delta,T}^1$ 中, $u_{\alpha_n} \to u$. 根据定理2.9 得, $\|u_{\alpha_n} - u\|_{\infty} \to 0$. 因此 $\|u_{\alpha_n}^{\sigma} - u^{\sigma}\|_{\infty} \to 0$,并且

$$\int_{[0,T)_{\mathbb{T}}} e_w(t,0)|u_{\alpha_n}^{\sigma} - u^{\sigma}|^2\Delta t \to 0.$$

又因为

$$\int_{[0,T)_{\mathbb{T}}} e_w(t,0)\,|u_{\alpha_n}^{\Delta}(t)-u^{\Delta}(t)|^2\Delta t$$

$$=\langle\tilde{\varphi}'(u_{\alpha_n})-\tilde{\varphi}'(u),u_{\alpha_n}-u\rangle+$$

$$\int_{[0,T)_{\mathbb{T}}} e_w(t,0)(A(\sigma(t))(u_{\alpha_n}^{\sigma}(t)-u^{\sigma}(t)),u_{\alpha_n}^{\sigma}(t)-u^{\sigma}(t))\Delta t-$$

$$\int_{[0,T)_{\mathbb{T}}} e_w(t,0)(\nabla F(\sigma(t),u_{\alpha_n}^{\sigma}(t))-$$

$$\nabla F(\sigma(t),u^{\sigma}(t)),u_{\alpha_n}^{\sigma}(t)-u^{\sigma}(t))\Delta t,$$

所以$\int_{[0,T)_{\mathbb{T}}} e_w(t,0)\,|u_{\alpha_n}^{\Delta}(t)-u^{\Delta}(t)|^2\Delta t\to 0$,而且$\|u_{\alpha_n}-u\|\to 0$. 从而,在$H_{\Delta,T}^1$中,$u_{\alpha_n}\to u$. $\tilde{\varphi}$满足条件(C)*得证.

其次,证明$\tilde{\varphi}$将有界集映为有界集.

利用式(6.2.2)、式(6.3.4)、式(6.3.5)和定理2.8可得,对所有的$u\in H_{\Delta,T}^1$,

$$|\tilde{\varphi}(u)|=\Big|\frac{1}{2}\int_{[0,T)_{\mathbb{T}}} e_w(t,0)\,|u^{\Delta}(t)|^2\Delta t-$$

$$\frac{1}{2}\int_{[0,T)_{\mathbb{T}}} e_w(t,0)(A(\sigma(t))u^{\sigma}(t),u^{\sigma}(t))\Delta t+$$

$$\int_{[0,T)_{\mathbb{T}}} e_w(t,0)F(\sigma(t),u^{\sigma}(t))\Delta t\Big|$$

$$\leqslant\frac{1}{2}\int_{[0,T)_{\mathbb{T}}} e_w(t,0)\,|u^{\Delta}(t)|^2\Delta t+\frac{C_{57}}{2}\int_{[0,T)_{\mathbb{T}}} e_w(t,0)\,|u^{\sigma}(t)|^2\Delta t+$$

$$M_2C_{56}\int_{[0,T)_{\mathbb{T}}}|u^{\sigma}(t)|^{\lambda}\Delta t+M_2\max_{s\in[0,\rho_7]}a(s)\int_{[0,T)_{\mathbb{T}}} b^{\sigma}(t)\Delta t$$

$$\leqslant\frac{1}{2}C_{57}\|u\|^2+M_2C_{56}T\|u\|_{\infty}^{\lambda}+C_{58}$$

$$\leqslant\frac{1}{2}C_{57}\|u\|^2+M_2^{\frac{\lambda+2}{2}}C_{56}TK^{\lambda}\|u\|_{\infty}^{\lambda}+C_{58}.$$

这说明,$\tilde{\varphi}$将有界集映为有界集.

再次,证明 $\tilde{\varphi}$ 在点 0 处关于 (X^1,X^2) 局部环绕.

应用条件 (F_2),对 $\varepsilon_3=\dfrac{\bar{\delta}}{2M_2}$,存在 $\rho_9>0$ 使得当 $|x|\leqslant\rho_9, t\in[0,T]_{\mathbb{T}}$ 时,

$$|F(t,x)|\leqslant\varepsilon_3|x|^2. \tag{6.3.13}$$

当 $u\in X^1$ 且 $\|u\|\leqslant r_6\overset{\Delta}{=}\dfrac{\rho_9}{K}$ 时,由式(2.3.19)、式(6.2.8)、式(6.2.10)和式(6.3.13)得

$$\begin{aligned}\tilde{\varphi}(u)&=\tilde{q}(u)+\int_{[0,T)_{\mathbb{T}}}e_w(t,0)F(\sigma(t),u^\sigma(t))\Delta t\\&\geqslant\bar{\delta}\|u\|^2-M_2\varepsilon_3\int_{[0,T)_{\mathbb{T}}}|u^\sigma(t)|^2\Delta t\\&\geqslant\bar{\delta}\|u\|^2-M_2\varepsilon_3\|u\|^2\\&=\frac{\bar{\delta}}{2}\|u\|^2.\end{aligned}$$

这说明

$$\tilde{\varphi}(u)\geqslant0,\ \forall u\in X^1,\|u\|\leqslant r_6.$$

另一方面,当 $u=u^-+u^0\in X^2$ 满足 $\|u\|\leqslant r_2\overset{\Delta}{=}\dfrac{r}{K}$ 时,应用条件 (F_4)、式(2.3.19)、式(6.2.8)和式(6.2.9)得

$$\begin{aligned}\tilde{\varphi}(u)&=\tilde{q}(u)+\int_{[0,T)_{\mathbb{T}}}e_w(t,0)F(\sigma(t),u^\sigma(t))\Delta t\\&\leqslant-\bar{\delta}\|u^-\|^2+\int_{[0,T)_{\mathbb{T}}}e_w(t,0)F(\sigma(t),u^\sigma(t))\Delta t\\&\leqslant-\bar{\delta}\|u^-\|^2.\end{aligned}$$

这蕴含了

$$\tilde{\varphi}(u)\leqslant0,\ \forall u\in X^2,\|u\|\leqslant r_2.$$

令 $\gamma = \min\{r_2, r_6\}$. 则可知 $\tilde{\varphi}$ 满足引理 4. 1 的条件 (I_1).

最后,证明对任意 $n \in \mathbb{N}$, 当 $u \in X_n^1 \oplus X^2$, $\|u\| \to \infty$ 时,

$$\tilde{\varphi}(u) \to -\infty.$$

对固定的 $n \in \mathbb{N}$, 由于 $X_n^1 \oplus X^2$ 是有限维空间,故存在 $C_{61} > 0$ 使得

$$\|u\| \leqslant C_{61}\left(\int_{[0,T)_{\mathbb{T}}} e_w(t,0)\,|u^{\sigma}(t)|^2 \Delta t\right)^{\frac{1}{2}}, \forall u \in X_n^1 \oplus X^2. \tag{6.3.14}$$

再由条件 (F_1) 知,存在 $\rho_{10} > 0$ 使得当 $|x| \geqslant \rho_{10}$, $t \in [0,T]_{\mathbb{T}}$ 时,

$$F(t,x) \leqslant -C_{61}^2(C_{57} + \bar{\delta})\,|x|^2. \tag{6.3.15}$$

另外,由条件 (A) 知,当 $|x| \leqslant \rho_{10}$, $t \in [0,T]_{\mathbb{T}}$ 时,

$$|F(t,x)| \leqslant \max_{s \in [0,\rho_{10}]} a(s)b(t). \tag{6.3.16}$$

合并式(6. 3. 15)和式(6. 3. 16)得,对任意 $x \in \mathbb{R}^N$, $t \in [0,T]_{\mathbb{T}}$,

$$F(t,x) \leqslant -C_{61}^2(C_{57} + \bar{\delta})\,|x|^2 + C_{62} + \max_{s \in [0,\rho_{10}]} a(s)b(t). \tag{6.3.17}$$

其中 $C_{62} = C_{61}^2(C_{57} + \bar{\delta})\rho_{10}^2$. 应用式(6. 2. 2)、式(6. 2. 9)、式(6. 3. 5)、式(6. 3. 14)和式(6. 3. 17)可得,对 $u = u^+ + u^0 + u^- \in X_n^1 \oplus X^2 = X_n^1 \oplus \tilde{H}^0 \oplus \tilde{H}^-$,

$$\begin{aligned}
\tilde{\varphi}(u) = {} & \frac{1}{2}\int_{[0,T)_{\mathbb{T}}} e_w(t,0)\,|u^{\Delta}(t)|^2 \Delta t - \\
& \frac{1}{2}\int_{[0,T)_{\mathbb{T}}} e_w(t,0)(A(\sigma(t))u^{\sigma}(t), u^{\sigma}(t))\Delta t + \\
& \int_{[0,T)_{\mathbb{T}}} e_w(t,0)F(\sigma(t), u^{\sigma}(t))\Delta t \\
\leqslant {} & -\bar{\delta}\|u^-\|^2 + \frac{1}{2}\int_{[0,T)_{\mathbb{T}}} e_w(t,0)\,|(u^+)^{\Delta}(t)|^2 \Delta t - \\
& \frac{1}{2}\int_{[0,T)_{\mathbb{T}}} e_w(t,0)(A(\sigma(t))(u^+)^{\sigma}(t),\ (u^+)^{\sigma}(t))\Delta t +
\end{aligned}$$

$$
\begin{aligned}
&\int_{[0,T)_{\mathbb{T}}} e_w(t,0)F(\sigma(t),u^{\sigma}(t))\Delta t\\
&\leqslant -\bar{\delta}\|u^-\|^2+\frac{1}{2}\int_{[0,T)_{\mathbb{T}}} e_w(t,0)\,|(u^+)^{\Delta}(t)|^2\Delta t+\\
&\quad \frac{C_{57}}{2}\int_{[0,T)_{\mathbb{T}}} e_w(t,0)\,|(u^+)^{\Delta}(t)|^2\Delta t+\\
&\quad \int_{[0,T)_{\mathbb{T}}} e_w(t,0)F(\sigma(t),u^{\sigma}(t))\Delta t\\
&\leqslant -\bar{\delta}\|u^-\|^2+\frac{1}{2}C_{57}\|u^+\|^2-C_{61}^2(C_{57}+\bar{\delta})\int_{[0,T)_{\mathbb{T}}} e_w(t,0)\,|u^{\sigma}(t)|^2\Delta t+\\
&\quad C_{62}M_2T+M_2\max_{s\in[0,\rho_{10}]}a(s)\int_{[0,T)_{\mathbb{T}}} b^{\sigma}(t)\Delta t\\
&\leqslant -\bar{\delta}\|u^-\|^2+C_{57}\|u^+\|^2-(C_{57}+\bar{\delta})\|u\|^2+C_{62}M_2T+C_{63}\\
&=-\bar{\delta}\|u^-\|^2+C_{57}\|u^+\|^2-(C_{57}+\bar{\delta})\|u^++u^0+u^-\|^2+C_{62}M_2T+C_{63}\\
&\leqslant -\bar{\delta}\|u^-\|^2+C_{57}\|u^+\|^2-(C_{57}+\bar{\delta})\|u^+\|^2-\bar{\delta}\|u^0+u^-\|^2+C_{62}M_2T+C_{63}\\
&\leqslant -\bar{\delta}\|u^-\|^2+C_{57}\|u^+\|^2-(C_{57}+\bar{\delta})\|u^+\|^2-\bar{\delta}\|u^0\|^2+C_{62}M_2T+C_{63}\\
&=-\bar{\delta}\|u\|^2+C_{62}M_2T+C_{63}.
\end{aligned}
$$

其中 $C_{63}=M_2\max\limits_{s\in[0,\rho_{10}]}a(s)\int_{[0,T)_{\mathbb{T}}} b^{\sigma}(t)\Delta t$. 因此,对任意 $n\in\mathbb{N}$, 当 $u\in X_n^1\oplus X^2$, $\|u\|\to\infty$ 时,

$$\tilde{\varphi}(u)\to-\infty.$$

因此,根据引理 4.1 知,问题(6.1.1)至少有两个解:一个是非平凡解;另一个是零解. ■

【例 6.1】 设 $\mathbb{T}=\mathbb{R}$, $T=2\pi$, $N=1$. 考虑阻尼震动问题

$$
\begin{cases}
\ddot{u}(t)+A(t)u(t)+w(t)\dot{u}(t)=\nabla F(t,u(t)),a.e.\ t\in[0,2\pi],\\
u(0)-u(2\pi)=\dot{u}(0)-\dot{u}(2\pi)=0,
\end{cases}
\tag{6.3.18}
$$

其中 $A(t)=\sin t, w(t)=-\cos t$，且对任意 $x\in\mathbb{R}, t\in[0,2\pi]$ 时，

$$F(t,x)=\begin{cases}-|x|^4, & |x|\geqslant 4,\\ -256x+768, & 3<x<4,\\ 0, & |x|\leqslant 3,\\ 256x+768, & -4<x<-3.\end{cases}$$

显然，定理 6.4 的所有条件均满足. 根据定理 6.4 知，问题(6.3.18)至少有一个非平凡解. 事实上，$u(t)=e^{\sin t}$ 就是问题(6.3.18)的解.

定理 6.5　假设 $F(t,x)$ 满足定理 4.5 的所有条件，则问题(6.1.1)至少有一个非平凡解.

证明　令 $E_1=\widetilde{H}^+, E_2=\widetilde{H}^-\oplus\widetilde{H}^0, E=H^1_{\Delta,T}$. 则 E 是 Hilbert 空间，$E=E_1\oplus E_2, E=E_1^{\perp}, \dim(E_2)<\infty$.

首先，证明 $\tilde{\varphi}$ 满足 P. S. 条件. 事实上，设 $\{u_k\}\subset H^1_{\Delta,T}$ 是 P. S. 序列，即存在正常数 C_{64} 使得 $|\tilde{\varphi}(u_k)|\leqslant C_{64}$，且当 $k\to\infty$ 时，$\tilde{\varphi}'(u_k)\to 0$. 由定理 6.4 的证明可以看出，只需证明 $\{u_k\}$ 在 $H^1_{\Delta,T}$ 中有界即可. 由条件 (F_6) 和式(4.3.19)可得，对充分大的 k，

$$\begin{aligned}
&2C_{64}+\|u_k\|\\
&\geqslant 2\tilde{\varphi}(u_k)-\langle\tilde{\varphi}'(u_k),u_k\rangle\\
&=\int_{[0,T)_{\mathbb{T}}}e_w(t,0)\left[2F(\sigma(t),u_k^{\sigma}(t))-(\nabla F(\sigma(t),u_k^{\sigma}(t)),u_k^{\sigma}(t))\right]\Delta t\\
&=-(\theta-2)\int_{[0,T)_{\mathbb{T}}}e_w(t,0)F(\sigma(t),u_k^{\sigma}(t))\Delta t+\\
&\quad\int_{[0,T)_{\mathbb{T}}}e_w(t,0)\left[\theta F(\sigma(t),u_k^{\sigma}(t))-(\nabla F(\sigma(t),u_k^{\sigma}(t)),u_k^{\sigma}(t))\right]\Delta t\\
&\geqslant(\theta-2)\int_{[0,T)_{\mathbb{T}}}e_w(t,0)(C_{32}|u_k^{\sigma}(t)|^{\theta}-C_{33})\Delta t+\\
&\quad\int_{[0,T)_{\mathbb{T}}}e_w(t,0)\left[\theta F(\sigma(t),u_k^{\sigma}(t))-(\nabla F(\sigma(t),u_k^{\sigma}(t)),u_k^{\sigma}(t))\right]\Delta t
\end{aligned}$$

$$\geqslant (\theta-2)M_1C_{32}\int_{[0,T)_{\mathbb{T}}}|u_k^{\sigma}(t)|^{\theta}\Delta t-(\theta-2)M_2C_{33}T-C_{65},\tag{6.3.19}$$

其中 $C_{65}=M_2(r_3+\theta)\max\limits_{s\in[0,r_3]}a(s)\int_{[0,T)_{\mathbb{T}}}b^{\sigma}(t)\Delta t$. 式(6.3.19)说明,存在 $C_{66}>0$ 使得

$$\int_{[0,T)_{\mathbb{T}}}|u_k^{\sigma}(t)|^{\theta}\Delta t\leqslant C_{66}(1+\|u_k\|).\tag{6.3.20}$$

结合式(6.2.2)、式(6.3.20)和 Hölder 不等式知,对充分大的 k,

$$\begin{aligned}
&\theta C_{64}+\|u_k\|\\
&\geqslant \theta\tilde{\varphi}(u_k)-\langle\tilde{\varphi}'(u_k),u_k\rangle\\
&=\left(\frac{\theta}{2}-1\right)\int_{[0,T)_{\mathbb{T}}}e_w(t,0)[\,|u_k^{\sigma}(t)|^2-(A(\sigma(t))u_k^{\sigma}(t),u_k^{\sigma}(t))]\Delta t+\\
&\quad\int_{[0,T)_{\mathbb{T}}}e_w(t,0)[\theta F(\sigma(t),u_k^{\sigma}(t))-(\nabla F(\sigma(t),u_k^{\sigma}(t)),u_k^{\sigma}(t))]\Delta t\\
&\geqslant\left(\frac{\theta}{2}-1\right)\|u_k\|^2-\left(\frac{\theta}{2}-1\right)\int_{[0,T)_{\mathbb{T}}}e_w(t,0)|u_k^{\sigma}(t)|^2\Delta t-\\
&\quad\left(\frac{\theta}{2}-1\right)C_{57}\int_{[0,T)_{\mathbb{T}}}e_w(t,0)|u_k^{\sigma}(t)|^2\Delta t-C_{65}\\
&=\left(\frac{\theta}{2}-1\right)\|u_k\|^2-\left(\frac{\theta}{2}-1\right)(1+C_{57})\int_{[0,T)_{\mathbb{T}}}e_w(t,0)|u_k^{\sigma}(t)|^2\Delta t-C_{65}\\
&\geqslant\left(\frac{\theta}{2}-1\right)\|u_k\|^2-\left(\frac{\theta}{2}-1\right)(1+C_{57})M_2T^{\frac{\theta-2}{\theta}}\left(\int_{[0,T)_{\mathbb{T}}}|u_k|^{\theta}\mathrm{d}t\right)^{\frac{2}{\theta}}-C_{65}\\
&\geqslant\left(\frac{\theta}{2}-1\right)\|u_k\|^2-C_{65}-\left(\frac{\theta}{2}-1\right)(1+C_{57})M_2T^{\frac{\theta-2}{\theta}}(C_{66}(1+\|u_k\|))^{\frac{2}{\theta}}.
\end{aligned}\tag{6.3.21}$$

因为 $\theta>2$, 由式(6.3.21)得, $\{u_k\}$ 在 $H_{\Delta,T}^1$ 中有界.

对 $\varepsilon_4=\dfrac{\bar{\delta}}{2}$, 由条件 (F_5) 知,存在 $\rho_{11}>0$,使得当 $|x|<\rho_{11}$, $t\in$

$[0,T]_{\mathbb{T}}$ 时,

$$F(t,x) \geqslant -\varepsilon_4 |x|^2. \tag{6.3.22}$$

当 $u \in E^1$ 且 $\|u\| \leqslant \rho_{12} \overset{\Delta}{=} \dfrac{\rho_{11}}{K}$ 时, 由式(2.3.19)、式(6.2.8)、式(6.2.10)和式(6.3.22)得

$$\begin{aligned}\tilde{\varphi}(u) &= \tilde{q}(u) + \int_{[0,T)_{\mathbb{T}}} e_w(t,0) F(\sigma(t), u^\sigma(t)) \Delta t \\ &\geqslant \bar{\delta}\|u_k\|^2 - \varepsilon_4 \int_{[0,T)_{\mathbb{T}}} e_w(t,0) |u^\sigma(t)|^2 \Delta t \\ &\geqslant \bar{\delta}\|u_k\|^2 - \varepsilon_4 \|u\|^2 \\ &= \bar{\delta}\|u\|^2 - \frac{\bar{\delta}}{2}\|u\|^2 \\ &= \frac{\bar{\delta}}{2}\|u\|^2.\end{aligned}$$

因此,

$$\tilde{\varphi}(u) \geqslant \frac{\bar{\delta}\rho_{12}^2}{2} \overset{\Delta}{=} \tilde{\alpha} > 0, \forall u \in E^1, \|u\| = \rho_{12}. \tag{6.3.23}$$

此外,由定理 6.3 知, J_2' 是紧算子. 由式(6.2.8)和式(6.3.23)可知, $\tilde{\varphi}$ 满足引理 4.2 的条件 (I_5)、条件 (I_6)、条件 (I_7) 以及条件(ⅰ), 其中 $\tilde{S} = \partial B_{\rho_{12}} \cap E_1$.

设 $e \in E_1 \cap \partial B_1, r_7 > \rho_{12}, r_8 > 0, \widetilde{Q} = \{se : s \in (0, r_7)\} \oplus (B_{r_8} \cap E_2)$, $\tilde{E} = \mathrm{span}\{e\} \oplus E_2$. 则 $\tilde{S}$ 和 $\partial\widetilde{Q}$ 环绕,其中 $B_{r_8} = \{u \in E : \|u\| \leqslant r_8\}$.

再令

$$\widetilde{Q}_1 = \{u \in E_2 : \|u\| \leqslant r_8\}, \widetilde{Q}_2 = \{r_7 e + u : u \in E_2, \|u\| \leqslant r_8\}$$

$$\widetilde{Q}_3 = \{se + u : s \in [0, r_7]\}, u \in E_2, \|u\| = r_8.$$

则有 $\partial\widetilde{Q} = \widetilde{Q}_1 \cup \widetilde{Q}_2 \cup \widetilde{Q}_3$.

由条件(F_7)、式$(6.2.8)$和式$(6.2.9)$知，$\tilde{\varphi}|_{\tilde{Q}1}\leqslant 0$. 另外，如果$r_7e+u\in\tilde{Q}_2$，那么$u=u^0+u^-\in E_2$，$\|u\|\leqslant r_8$. 从而由有限维空间范数的等价性和式(4.3.19)知，存在$C_{67}>0$使得

$$\begin{aligned}&\int_{[0,T)_{\mathbb{T}}}e_w(t,0)F(\sigma(t),r_4e^{\sigma}(t)+u^{\sigma}(t))\Delta t\\&\leqslant -C_{32}M_1\int_{[0,T)_{\mathbb{T}}}|r_7e^{\sigma}(t)+u^{\sigma}(t)|^{\theta}\Delta t+M_2C_{33}T\\&\leqslant -C_{67}\|r_7e+u\|^{\theta}+M_2C_{33}T\\&=-C_{67}(r_7^2+\|u\|^2)^{\frac{\theta}{2}}+M_2C_{33}T.\end{aligned}$$

由于$\theta>2$，因而对充分大的$r_7>\rho_{12}$，

$$\begin{aligned}\tilde{\varphi}(r_7e+u)&=\frac{r_7^2}{2}\langle(I_{H^1_{\Delta,T}}-\tilde{K})e,e\rangle+\frac{1}{2}\langle(I_{H^1_{\Delta,T}}-\tilde{K})u,u\rangle+\\&\quad\int_{[0,T)_{\mathbb{T}}}e_w(t,0)F(\sigma(t),r_7e^{\sigma}(t)+u^{\sigma}(t))\Delta t\\&\leqslant\frac{r_7^2}{2}\|I_{H^1_{\Delta,T}}-\tilde{K}\|-\delta\|u^-\|^2-C_{67}(r_7^2+\|u\|^2)^{\frac{\theta}{2}}+M_2C_{33}T\\&\leqslant\frac{r_7^2}{2}\|I_{H^1_{\Delta,T}}-\tilde{K}\|-C_{67}r_4^{\theta}+M_2C_{33}T\\&\leqslant 0.\end{aligned}$$

我们知道，当$se+u\in\tilde{Q}_3$时，$s\in[0,r_7]$，$u\in E_2$，且$\|u\|=r_8$. 再利用有限维空间范数的等价性及式(4.3.19)可得，

$$\begin{aligned}&\int_{[0,T)_{\mathbb{T}}}e_w(t,0)F(\sigma(t),se^{\sigma}(t)+u^{\sigma}(t))\Delta t\\&\leqslant -C_{32}M_1\int_{[0,T)_{\mathbb{T}}}|se^{\sigma}(t)+u^{\sigma}(t)|^{\theta}\Delta t+M_2C_{33}T\\&\leqslant -C_{67}\|se+u\|^{\theta}+M_2C_{33}T\\&=-C_{67}(s^2+r_8^2)^{\frac{\theta}{2}}+M_2C_{33}T.\end{aligned}$$

所以,对充分大的 $r_8 > r_7$,

$$\begin{aligned}\tilde{\varphi}(r_7e+u) &= \frac{s^2}{2}\langle(I_{H^1_{\Delta,T}}-\tilde{K})e,e\rangle+\frac{1}{2}\langle(I_{H^1_{\Delta,T}}-\tilde{K})u,u\rangle+\\ &\quad\int_{[0,T)_{\mathbb{T}}}e_w(t,0)F(\sigma(t),se^{\sigma}(t)+u^{\sigma}(t))\Delta t\\ &\leqslant \frac{s^2}{2}\|I_{H^1_{\Delta,T}}-\tilde{K}\|-\delta\|u^-\|^2-C_{67}(s^2+r_8^2)^{\frac{\theta}{2}}+M_2C_{33}T\\ &\leqslant \frac{r_7^2}{2}\|I_{H^1_{\Delta,T}}-\tilde{K}\|-C_{65}r_8^{\theta}+M_2C_{33}T\\ &\leqslant 0.\end{aligned}$$

综上所述,$\tilde{\varphi}$ 满足引理4.2的所有条件.因此,$\tilde{\varphi}$ 有临界值 $\tilde{c}\geqslant\tilde{\alpha}>0$.故问题(6.1.1)至少有一个非平凡解. ■

【例6.2】 设 $\mathbb{N}_0=\mathbb{N}\cup\{0\}$,$\mathbb{T}=\{2^k:k\in\mathbb{N}_0\}$,$T=128$,$N=2$.考虑时间尺度 $\mathbb{T}$ 上的阻尼震动问题

$$\begin{cases}u^{\Delta_2}(t)+w(t)u^{\Delta}(2t)+A(2t)u(2t)=\nabla F(2t,u(2t)),t\in[0,64]_{\mathbb{T}},\\ u(0)-u(128)=u^{\Delta}(0)-u^{\Delta}(128)=0,\end{cases}\tag{6.3.24}$$

其中

$$A(t)=\begin{pmatrix}t^2 & 1\\ 1 & t^2\end{pmatrix},w(t)=\begin{cases}-\dfrac{1}{2t}, & t\in\{1,2,4,8,16,32\},\\ \dfrac{63}{64}, & t=64,\end{cases}$$

$F(t,x)=-(1+t)|x|^4$.因为 $F(t,x)=-(1+t)|x|^4$,$e_w(t,0)=\prod_{s\in T\cap(0,t)}(1+sw(s))$,$e_w(128,0)=1$,容易验证,定理6.5的所有条件均满足.故利用定理6.5知,问题(6.3.24)至少有一个非平凡解.

下面给出两个解的多重性结果.

定理6.6 假设 $F(t,x)$ 满足定理4.6的所有条件,那么,问题

(6.1.1)有一个无界的解序列.

证明 命 $W=\widetilde{H}^{+},V=\widetilde{H}^{-}\oplus\widetilde{H}^{0},E=H_{\Delta,T}^{1}$. 则 $E=V\oplus W,\dim V<\infty$, $\tilde{\varphi}\in C^{1}(E,R)$. 由定理6.5的证明知, $\tilde{\varphi}$ 满足 P.S. 条件,并存在 $\rho_{12}>0$, $\tilde{\alpha}>0$ 使得

$$\tilde{\varphi}(u)\geqslant\tilde{\alpha},\forall u\in W,\|u\|=\rho_{12}.$$

对 E 的任意有限维子空间 $\tilde{E}$, 结合式(6.2.2)、式(6.3.5)、式(4.3.19)和有限维空间范数的等价性知,存在 $C_{68}>0$ 使得

$$\begin{aligned}\tilde{\varphi}(t)=&\frac{1}{2}\int_{[0,T)_{\mathbb{T}}}e_{w}(t,0)\,|u_{k}^{\Delta}(t)|^{2}\Delta t-\\&\frac{1}{2}\int_{[0,T)_{\mathbb{T}}}e_{w}(t,0)(A(\sigma(t))u^{\sigma}(t),u^{\sigma}(t))\Delta t+\\&\int_{[0,T)_{\mathbb{T}}}e_{w}(t,0)F(\sigma(t),u^{\sigma}(t))\Delta t\\\leqslant&\frac{1}{2}\|u\|^{2}+\frac{1}{2}C_{57}\int_{[0,T)_{\mathbb{T}}}e_{w}(t,0)\,|u^{\sigma}(t)|^{2}\Delta t-\\&C_{32}M_{1}\int_{[0,T)_{\mathbb{T}}}|u^{\sigma}(t)|^{\theta}\Delta t+M_{2}C_{33}T\\\leqslant&\frac{1}{2}(1+C_{57})\|u\|^{2}-C_{68}\|u\|^{\theta}+M_{2}C_{33}T.\end{aligned}$$

因此,当 $u\in\tilde{E},\|u\|\to\infty$ 时,

$$\tilde{\varphi}(t)\to-\infty.\tag{6.3.25}$$

这就说明,存在 $R=R_{(\tilde{E})}>0$ 使得当 $u\in\tilde{E}\backslash B_{R}$ 时, $\tilde{\varphi}(u)\leqslant0$.

另一方面,由条件 (F_8) 知, $\tilde{\varphi}$ 是偶泛函且 $\tilde{\varphi}(0)=0$. 利用引理4.3知, $\tilde{\varphi}$ 有一个临界点序列 $\{u_n\}\subset E$ 使得 $|\tilde{\varphi}(u_n)|\to\infty$. 如果 $\{u_n\}$ 在 E 中有界,则由 $\tilde{\varphi}$ 的定义知, $\{|\tilde{\varphi}(u_n)|\}$ 是有界的,与 $\{|\tilde{\varphi}(u_n)|\}$ 的无界性矛盾. 因此, $\{u_n\}$ 在 E 中无界. ■

【例6.3】 设 $\mathbb{T}=\mathbb{Z},T=20,N=4$. 考虑时间尺度 $\mathbb{T}$ 上的阻尼震动

问题

$$\begin{cases}\Delta^2(t)+w(t)\Delta u(t+1)+A(t+1)u(t+1)=\nabla F(t+1,u(t+1)),\\ t\in[1,19]_{\mathbb{T}},\\ u(0)-u(20)=\Delta u(0)-\Delta u(20)=0,\end{cases}\tag{6.3.26}$$

其中

$$A(t)=\begin{pmatrix}2 & t & 0 & 1+t\\ t & 2 & 0 & t^2\\ 0 & 0 & 2 & 1\\ 1+t & t^2 & 1 & 2\end{pmatrix},w(t)=\begin{cases}-\dfrac{1}{2},t\in[0,18]\cap\mathbb{Z},\\ 2^{19}-1,t=19,\end{cases}$$

$F(t,x)=-|x|^4$. 由于 $F(t,x)=-|x|^4, e_w(t,0)=\prod\limits_{s=0}^{t-1}(1+w(s))$, $e_w(20,0)=1$, 易知,定理 4.6 的所有条件全满足. 应用定理 4.6 得,问题(6.3.26)有一个无界的解序列. ■

注 6.2　在定理 4.6 中,如果去掉条件“$F(t,0)=0$”, 也可得到问题(6.1.1)有无穷多解这一结果,但得不到解序列的无界性,即如下定理.

定理 6.7　在定理 4.7 的假设条件下,问题(6.1.1)有无穷多个解.

证明　在引理 4.4 中,取 $Y=\widetilde{H}^+, X=\widetilde{H}^-\oplus\widetilde{H}^0, E=H^1_{\Delta,T}$. 则由定理 4.6 的证明知, $E=X\oplus Y, \dim(X)<+\infty, \tilde{\varphi}$ 是偶泛函, $\tilde{\varphi}\in C^1(E,R)$ 且满足 P. S. 条件,而且存在 $\rho_{12},\tilde{\alpha}>0$, 使得 $\tilde{\varphi}|_{\partial B_{\rho_{12}}\cap Y}\geqslant\tilde{\alpha}, \inf\tilde{\varphi}(\partial B_{\rho_{12}}\cap Y)>0$, 其中

$$\partial B_{\rho_{12}}=\{u\in E:\|u\|=\rho_{12}\}.$$

对 E 的任意有限维子空间 $\tilde{E}$, 由式(6.3.25)知,当 $u\in\tilde{E}, \|u\|\to\infty$ 时,

$$\tilde{\varphi}(u)\to-\infty.$$

这说明,对 Y 的任意有限维子空间 Y_0, 条件 (Φ_2) 成立. 另外,由于 $\dim(X) < +\infty$, $\tilde{\varphi} \in C^1(E,R)$, 故条件 ($\Phi_0$) 也成立. 因而,引理 4.4 的所有条件都成立. 由引理 4.4 知,问题(6.1.1)有无穷多个解. ■

第7章　变分方法在时标上的一类脉冲阻尼振动问题中的应用

7.1　引　言

在文献[86]中考虑时标上的脉冲阻尼振动问题

$$\begin{cases} u^{\Delta^2}(t)+B(u+u^{\sigma})^{\Delta}(t)+A(\sigma(t))u(\sigma(t))+\nabla F(\sigma(t),u(\sigma(t)))=0, \\ \Delta\text{-}a.e.\ t\in[0,T]_T^k, \\ u(0)-u(T)=u^{\Delta}(0)-u^{\Delta}(T)=0, \\ (u^i)^{\Delta}(t_j^+)-(u^i)^{\Delta}(t_j^-)=I_{ij}(u^i(t_j)),(i=1,2,\cdots,N;j=1,2,\cdots,p) \end{cases}$$

(7.1.1)

的可解性,其中 $t_0=0<t_1<t_2<\cdots<t_p<t_{p+1}=T,t_j\in[0,T]_{\mathbb{T}}(j=0,1,2,\cdots,p+1)$,

$$(u^i)^\Delta(t_j^+)=\begin{cases}\lim\limits_{t\to t_j^+}(u^i)^\Delta(t),t\text{ 是右稠密点},\\(u^i)^\Delta(\sigma(t_j)),t\text{ 是右离散点},\end{cases}$$

$$(u^i)^\Delta(t_j^-)=\begin{cases}\lim\limits_{t\to t_j^-}(u^i)^\Delta(t),t\text{ 是左稠密点},\\(u^i)^\Delta(\rho(t_j)),t\text{ 是左离散点},\end{cases}$$

$u(t)=(u^1(t),u^2(t),\cdots,u^N(t)),B=[\bar{b}_{lm}]$ 是一个 $N\times N$ 阶反对称矩阵,$A(t)=[\bar{a}_{lm}(t)]$ 是一个定义在 $[0,T]_{\mathbb{T}}$ 上的 $N\times N$ 阶对称矩阵值函数,$l,m=1,2,\cdots,N,\bar{a}_{lm}\in L^\infty([0,T]_{\mathbb{T}},\mathbb{R}),I_{ij}:\mathbb{R}\to\mathbb{R}(i=1,2,\cdots,N;j=0,1,2,\cdots,p+1)$ 是连续函数,$F:[0,T]_{\mathbb{T}}\times\mathbb{R}^N\to\mathbb{R}$ 满足第3章中的条件(A).

为了方便起见,在后文中,记 $\Lambda_1=\{1,2,\cdots,N\},\Lambda_2=\{1,2,\cdots,p\}$.

当 $T=\mathbb{R}$ 时,问题(7.1.1)退化为具脉冲项的二阶哈密顿系统

$$\begin{cases}\ddot{u}(t)+2B\dot{u}(t)+A(t)u(t)+\nabla F(t,u(t))=0,a.e.\ t\in[0,T];\\u(0)-u(T)=\dot{u}(0)-\dot{u}(T)=0,\\\dot{u}^i(t_j^{\ +})-\dot{u}^i(t_j^{\ -})=I_{ij}(u^i(t_j)),(i=1,2,\cdots,N,j=1,2,\cdots,p).\end{cases}$$

当 $T=\mathbb{Z},T\in N,T\geqslant 2$ 时,问题(7.1.1)退化为二阶离散哈密顿系统

$$\begin{cases}\Delta^2u(t)+B\Delta(u(t)+u(t+1)+A(t+1)u(t+1)+\nabla F(t+1,u(t+1))=0,\\a.e.\ t\in[0,T-1]\cap\mathbb{Z},\\u(0)-u(T)=0,\Delta u(0)-\Delta u(T)=0,\\\Delta u^i(t_j+1)-\Delta u^i(t_j-1)=I_{ij}(u^i(t_j)),(i=1,2,\cdots,N,j=1,2,\cdots,p).\end{cases}$$

当 $T=\mathbb{R},I_{ij}\equiv0,i\in\Lambda_1,j\in\Lambda_2,B$ 和 $A(t)$ 是零矩阵时,问题(7.1.1)退化为哈密顿系统

$$\begin{cases}\ddot{u}(t)+\nabla F(t,u(t))=0, \quad a.e.\, t\in[0,T];\\ u(0)-u(T)=\dot{u}(0)-\dot{u}(T)=0.\end{cases} \tag{7.1.2}$$

Mawhin 和 Willem 在文献［60］中研究了问题（7.1.2）的周期解的存在性,并得到了一系列的研究结果. 自此之后,诸多研究者应用多种研究方法就问题（7.1.2）非线性项满足相应条件进行了研究,如参考文献［86］是非线性项满足强制条件时的可解性,参考文献［87］是非线性项关于第二变元是偶函数时的可解性.

当 $T=\mathbb{R}, I_{ij}\equiv 0, i\in\Lambda_1, j\in\Lambda_2, B=0, A(t)$ 是非零矩阵时,He 和 Wu 在文献[88]中研究了问题（7.1.1）,当 $A(t)$ 为负定矩阵值函数时解的存在性. Meng 和 Zhang 在文献[89]中利用极大极小定理得到了（7.1.1）解存在的一些充分条件,文献[91]研究了一类阻尼振动问题周期解的存在性.

当 $T=\mathbb{R}, I_{ij}\equiv 0, i\in\Lambda_1, j\in\Lambda_2, B$ 和 $A(t)$ 都是非零矩阵时,Li 等在文献[91]中用变分方法中的一些临界点定理研究了问题（7.1.1）解的存在性和多重性.

当 $I_{ij}\neq 0, i\in\Lambda_1, j\in\Lambda_2, B$ 和 $A(t)$ 都是非零矩阵时,我们在文献［85］研究之前,问题（7.1.1）是否具有变分结构尚不清楚.

近年来,时标上的动力学方程得到了广泛的研究（见参考文献［92-99］,时标上的动力学方程的研究是数学中一个尚处于理论探索阶段的新领域. 此外,时标上的脉冲问题和周期边值问题也是近年来被广泛研究的热点问题. 研究时标上的脉冲微分方程可解性的方法有很多,如上下解方法、不动点理论、重合度理论等. 然而,用变分方法研究时标上的脉冲微分方程可解性的结果较少. 据我们所知,变分法是一种处理时标上具有某些不连续类型（如脉冲）的非线性问题的有效方法（见文献［100］）.

基于以上原因,文献[85]中研究了问题(7.1.1)在适当的函数空间中变分框架的存在性. 作为应用,我们利用临界点定理研究了问题(7.1.1)解的存在性和多重性.

7.2 变分结构

在7.1节中,先叙述了一些证明主要结果需要用到的理论. 为了应用临界点理论,我们构造问题(7.1.1)对应的变分结构,将研究问题(7.1.1)解的存在性转化为研究其对应的能量泛函临界点的存在性.

若 $u \in H^1_{\Delta,T}$, 将 $u \in H^1_{\Delta,T}$ 和其绝对连续表示 $x \in V^{1,2}_{\Delta,T}([0,T]_{\mathbb{T}},R^N)$ 关于式(2.3.5)等同看待,那么 u 是绝对连续的并且 $\dot{u} \in L^2([0,T)_{\mathbb{T}},\mathbb{R}^N)$. 此时, $\Delta u^{\Delta}(t^+) - \Delta u^{\Delta}(t^+)=0$ 可能对某些 $t \in [0,T)_{\mathbb{T}}$ 不成立,因此将导致脉冲的产生.

取 $v \in H^1_{\Delta,T}$, 在方程

$$u^{\Delta^2}(t) + B(u+u^{\sigma})^{\Delta}(t) + A(\sigma(t))u(\sigma(t)) + \nabla F(\sigma(t),\, u(\sigma(t))) = 0$$

的两边同时乘于 v^{σ} 并且在 $[0,T)_{\mathbb{T}}$ 上积分得

$$\int[u^{\Delta^2}(t) + B(u+u^{\sigma})^{\Delta}(t) + A(\sigma(t))u(\sigma(t)) + \nabla F(\sigma(t),\, u(\sigma(t)))]v^{\sigma}(t)\Delta t = 0. \tag{7.2.1}$$

结合 $u^{\Delta}(0) - u^{\Delta}(T) = 0$, 有

$$\int_{[0,T)_{\mathbb{T}}}(u^{\Delta^2}(t),v^{\sigma}(t))\Delta t$$

$$=\sum_{j=0}^{p}\int_{[t_j,t_{j+1})_{\mathbb{T}}}(u^{\Delta^2}(t),v^{\sigma}(t))\Delta t$$

$$=\sum_{j=0}^{p}[(u^{\Delta}(t_{j+1}^{-}),\ v(t_{j+1}^{-}))-(u^{\Delta}(t_j^{+}),\ v(t_j^{+}))\int_{[t_j,t_{j+1})_{\mathbb{T}}}(u^{\Delta}(t),v^{\Delta}(t))\Delta t]$$

$$=\sum_{j=0}^{p}[\sum_{i=1}^{N}((u^i)^{\Delta}(t_{j+1}^{-})v^i(t_{j+1}^{-})-(u^i)^{\Delta}(t_j^{+})v^i(t_j^{+}))-\int_{[t_j,t_{j+1})_{\mathbb{T}}}(u^{\Delta}(t),v^{\Delta}(t))\Delta t]$$

$$=u^{\Delta}(T)v(T)-u^{\Delta}(0)v(0)-\sum_{j=1}^{p}\sum_{i=1}^{N}I_{ij}(u^i(t_j))v^i(t_j)-\int_{[0,T)_{\mathbb{T}}}(u^{\Delta}(t),v^{\Delta}(t))\Delta t$$

$$=-\sum_{j=1}^{p}\sum_{i=1}^{N}I_{ij}(u^i(t_j))v^i(t_j)-\int_{[0,T)_{\mathbb{T}}}(u^{\Delta}(t),v^{\Delta}(t))\Delta t$$

及

$$\int_{[0,T)_{\mathbb{T}}}(Bu^{\Delta}(t)+B(u^{\sigma}(t)^{\Delta}(t),v^{\sigma}(t))\Delta t$$

$$=\int_{[0,T)_{\mathbb{T}}}(Bu^{\Delta}(t),v^{\sigma}(t))\Delta t-\int_{[0,T)_{\mathbb{T}}}(Bu^{\sigma}(t),v^{\Delta}(t))\Delta t$$

$$=\int_{[0,T)_{\mathbb{T}}}(Bu^{\Delta}(t),v^{\sigma}(t))\Delta t+\int_{[0,T)_{\mathbb{T}}}(Bu^{\Delta}(t),\ v(t))\Delta t.$$

鉴于此,给出问题(7. 1. 1)弱解的概念.

定义 7. 1　如果对任意的 $v\in H_{\Delta,T}^1$, 等式

$$\int_{[0,T)_{\mathbb{T}}}(u^{\Delta}(t),v^{\Delta}(t))\Delta t+\sum_{j=1}^{p}\sum_{i=1}^{N}I_{ij}(u^i(t_j))v^i(t_j)$$

$$=\int_{[0,T)_{\mathbb{T}}}(A^{\sigma}(t)u^{\sigma}(t)+\nabla F(\sigma(t),u^{\sigma}(t)),v^{\sigma}(t))\Delta t+$$

$$\int_{[0,T)_{\mathbb{T}}}(Bu^{\Delta}(t),v^{\sigma}(t))\Delta t+\int_{[0,T)_{\mathbb{T}}}(Bu^{\Delta}(t),\ v(t))\Delta t$$

成立,那么我们称 $u\in H_{\Delta,T}^1$ 是问题(7. 1. 1)的一个弱解.

定义泛函 $\varphi:H_{\Delta,T}^1\to\mathbb{R}$ 如下:

$$\varphi=\frac{1}{2}\int_{[0,T)_{\mathbb{T}}}|u^{\Delta}(t)|\Delta t+\sum_{j=1}^{p}\sum_{i=1}^{N}\int_{0}^{u^{i}(t_j)}I_{ij}(t)\mathrm{d}t+$$

$$\int_{[0,T)_{\mathbb{T}}}(Bu^{\sigma}(t),u^{\Delta}(t))\Delta t-\frac{1}{2}\int_{[0,T)_{\mathbb{T}}}(Au^{\sigma}(t),u^{\sigma}(t))\Delta t+J(u)$$

$$=\psi(u)+\varphi(u),\tag{7.2.2}$$

其中

$$J(u)=-\int_{[0,T)_{\mathbb{T}}}F(\sigma(t),u^{\sigma}(t))\Delta t,$$

$$\psi(u)=\frac{1}{2}\int_{[0,T)_{\mathbb{T}}}|u^{\Delta}(t)|\Delta t+\int_{[0,T)_{\mathbb{T}}}(Bu^{\sigma}(t),u^{\Delta}(t))\Delta t-$$

$$\frac{1}{2}\int_{[0,T)_{\mathbb{T}}}(Au^{\sigma}(t),u^{\sigma}(t))\Delta t+J(u),$$

$$\varphi(u)=\sum_{j=1}^{p}\sum_{i=1}^{N}\int_{0}^{u^{i}(t_j)}I_{ij}(t)\mathrm{d}t.\tag{7.2.3}$$

我们可证明如下结论.

引理 7.1 泛函 φ 在 $H_{\Delta,T}^{1}$ 上是连续可微的并且

$$\langle\varphi'(u),v\rangle=\int_{[0,T)_{\mathbb{T}}}(u^{\Delta}(t),v^{\Delta}(t))\Delta t+\sum_{j=1}^{p}\sum_{i=1}^{N}I_{ij}(u^{i}(t_j))v^{i}(t_j)-$$

$$\int_{[0,T)_{\mathbb{T}}}(A^{\sigma}(t)u^{\sigma}(t)+\nabla F(\sigma(t),u^{\sigma}(t)),v^{\sigma}(t))\mathrm{d}t-$$

$$\int_{[0,T)_{\mathbb{T}}}(Bu^{\Delta}(t),v^{\sigma}(t))\Delta t-\int_{[0,T)_{\mathbb{T}}}(Bu^{\Delta}(t),v(t))\Delta t.\tag{7.2.4}$$

证明 对任意的 $x,y\in R^{N}$ 和 $t\in[0,T)_{\mathbb{T}}$，令

$$L(t,x,y)=\frac{1}{2}|y|^{2}+\frac{1}{2}(Bx,y)-\frac{1}{2}(A(t)x,x)-F(t,x),$$

那么 $L(t,x,y)$ 满足文献[102]中定理 2.9 的所有假设. 因此，由文献[101]中定理 2.9 知，泛函 ψ 在 $H_{\Delta,T}^{1}$ 上是连续可微的并且

$$\langle\varphi'(u),v\rangle=\int_{[0,T)_{\mathbb{T}}}(u^{\Delta}(t),v^{\Delta}(t))\Delta t+\sum_{j=1}^{p}\sum_{i=1}^{N}I_{ij}(u^{i}(t_j))v^{i}(t_j)-$$

$$\int_{[0,T)_{\mathbb{T}}}(A^{\sigma}(t)u^{\sigma}(t)+\nabla F(\sigma(t),u^{\sigma}(t)),v^{\sigma}(t))\Delta t-$$

$$\int_{[0,T)_{\mathbb{T}}}(Bu^{\Delta}(t),v^{\sigma}(t))\Delta t+\int_{[0,T)_{\mathbb{T}}}(Bu^{\sigma}(t),v^{\Delta}(t))\Delta t-$$

$$\int_{[0,T)_{\mathbb{T}}}(Bu^{\Delta}(t),v^{\sigma}(t))\Delta t-\int_{[0,T)_{\mathbb{T}}}(Bu^{\Delta}(t),\ v(t))\Delta t.$$

另一方面，由函数 $I_{ij}(i\in\Lambda_1,j\in\Lambda_2)$ 的连续性，有 $\varphi\in C^1(H_T^1,R)$ 并且于任意的 $u,v\in H_{\Delta,T}^1$ 有

$$\langle\varphi'(u),v\rangle=\sum_{j=1}^{p}\sum_{i=1}^{N}I_{ij}(u^i(t_j))v^i(t_j),$$

因此，φ 在 $H_{\Delta,T}^1$ 上是连续可微的且式(7.2.4)成立. ■

引理 7.2　算子 φ' 在 $H_{\Delta,T}^1$ 上是紧的.

证明　设 $\{u_k\}$ 是 $H_{\Delta,T}^1$ 上的有界序列. 由于 $H_{\Delta,T}^1$ 是 Hilbert 空间，可不妨假设 $u_k\to u$. 定理 2.8 表明 $\|u_k-u\|_\infty\to 0$. 根据式(7.2.3)可得

$$\begin{aligned}\|\varphi'(u_k)-\varphi'(u)\|&=\sup_{v\in H_{\Delta,T}^1,\|v\|\leqslant 1}|\langle\varphi'(u_k)-\varphi'(u),v\rangle|\\&=\sup_{v\in H_{\Delta,T}^1,\|v\|\leqslant 1}\left|\sum_{j=1}^{p}\sum_{i=1}^{N}[I_{ij}(u_k^i(t_j))-I_{ij}(u^i(t_j))]v^i(t_j)\right|\\&\leqslant\|v\|_\infty\sup_{v\in H_{\Delta,T}^1,\|v\|\leqslant 1}\left|\sum_{j=1}^{p}\sum_{i=1}^{N}|I_{ij}(u_k^i(t_j))-I_{ij}(u^i(t_j))|\right|\\&\leqslant C_{69}\|v\|\sup_{v\in H_{\Delta,T}^1,\|v\|\leqslant 1}\left|\sum_{j=1}^{p}\sum_{i=1}^{N}|I_{ij}(u_k^i(t_j))-I_{ij}(u^i(t_j))|\right|\\&=C_{69}\sup_{v\in H_{\Delta,T}^1,\|v\|\leqslant 1}\left|\sum_{j=1}^{p}\sum_{i=1}^{N}|I_{ij}(u_k^i(t_j))-I_{ij}(u^i(t_j))|\right|.\end{aligned}$$

由 I_{ij} 的连续性知，上式表明在 $H_{\Delta,T}^1$ 中 $\varphi'(u_k)\to\varphi'(u)$.

由定义 7.1 和引理 7.1 知，泛函 φ 的临界点就是问题(7.1.1)的弱解.

为了本章主要结果的证明，还需如下准备工作. 对任意的 $u\in H_{\Delta,T}^1$

我们定义算子 $G:H^1_{\Delta,T}\to(H^1_{\Delta,T})^*$ 如下

$$Gu(v)=\int_{[0,T)_{\mathbb{T}}}(Bu^{\Delta}(t),v^{\sigma}(t))\Delta t,\quad v\in H^1_{\Delta,T},$$

这里 $(H^1_{\Delta,T})^*$ 表示空间 $H^1_{\Delta,T}$ 的对偶空间. 由黎兹表示定理可将空间 $(H^1_{\Delta,T})^*$ 和空间 $H^1_{\Delta,T}$ 等同看待. 因此, Gu 可以看成空间 $H^1_{\Delta,T}$ 上的一个使得对任意的 $u,v\in H^1_{\Delta,T}$ 有

$$\langle Gu,v\rangle=Gu(v)$$

的泛函,且 G 是在 $H^1_{\Delta,T}$ 上的一个有界线性自伴随算子. 另一方面,可以以文献[91]中的引理 2.3 同样的证明方式得到如下引理. ■

引理 7.3 算子 G 在 $H^1_{\Delta,T}$ 上是紧的.

对任意的 $u\in H^1_{\Delta,T}$, 令

$$q(u)=\frac{1}{2}\int_{[0,T)_{\mathbb{T}}}[\,|u^{\Delta}(t)|^2+(2Bu^{\sigma}(t),u^{\Delta}(t))-(A^{\sigma}(t)u^{\sigma}(t),u^{\sigma}(t))]\Delta t,$$

那么有

$$\begin{aligned}q(u)&=\frac{1}{2}\|u\|^2-\frac{1}{2}\int_{[0,T)_{\mathbb{T}}}((A^{\sigma}(t)+I_{N\times N})u^{\sigma}(t)+2Bu^{\Delta}(t),u^{\sigma}(t))\Delta t\\&=\frac{1}{2}\langle(I-K)u,u\rangle,\end{aligned}$$

其中 $K:H^1_{\Delta,T}\to H^1_{\Delta,T}$ 是由黎兹表示定理定义的有界线性自伴算子,形式如下:

$$\langle Ku,v\rangle=2\langle Gu,v\rangle+\int_{[0,T)_{\mathbb{T}}}((A^{\sigma}(t)+I_{N\times N})u^{\sigma}(t),u^{\sigma}(t))\Delta t,\forall u,v\in H^1_{\Delta,T},$$

这里 $I_{N\times N}$ 和 I 分别表示 N 阶单位矩阵和恒同算子. 通过 式(7.2.2), $\varphi(u)$ 可写成如下形式

$$\begin{aligned}\varphi(u)&=q(u)+\varphi(u)+J(u)\\&=\frac{1}{2}\langle(I-K)u,u\rangle+\varphi(u)+J(u).\end{aligned}\qquad(7.2.5)$$

由 $H_{\Delta,T}^1$ 到 $C([0,T]_{\mathbb{T}},R^N)$ 的嵌入紧性以及引理 7.3 表明算子 K 是紧的. 根据经典谱理论,可将 $H_{\Delta,T}^1$ 分解为 $I-K$ 的不变子空间的正交和

$$H_{\Delta,T}^1 = H^- \oplus H^0 \oplus H^+,$$

其中 $H^0=\ker(I-K)$,H^-,H^+ 满足:存在常数 $\delta>0$ 使得

$$q(u) \leqslant -\delta\|u\|^2, \quad u \in H^-, \tag{7.2.6}$$

$$q(u) \geqslant \delta\|u\|^2, \quad u \in H^+. \tag{7.2.7}$$

注 7.1　由于 K 是空间 $H_{\Delta,T}^1$ 上的紧算子,所以算子 K 只有有限多个特征值 λ_i 使得 $\lambda_i>1$. 因此,H^- 是有限维的. 注意到算子 $I-K$ 是自伴算子 I 的紧扰动. 我们知道 0 不是算子 $I-K$ 的本质谱,因此 H^0 也是有限维空间.

7.3　主要结果

首先,证明两个解的存在性结果.

定理 7.1　假设第 4 章定理 4.4 的条件 (F_1)—条件(F_4) 以及条件

(F_5) 存在 $\beta_{ij},\gamma_{ij}>0,\xi_{ij}\in[0,1)$ 使得

$$|I_{ij}(t)| \leqslant \beta_{ij}+\gamma_{ij}|t|^{\xi_{ij}}, \quad t\in\mathbb{R}, i\in\Lambda_1, j\in\Lambda_2,$$

(F_6) $\int_0^t I_{ij}(s)\,\mathrm{d}s \leqslant 0, \quad t\in\mathbb{R}, i\in\Lambda_1, j\in\Lambda_2,$

(F_7) 存在 $\zeta_{ij}>0$ 使得

$$2\int_0^t I_{ij}(s)\,\mathrm{d}s - I_{ij}(t)t \geqslant 0,\ \text{当}\ i \in \Lambda_1, j \in \Lambda_2, |t| \geqslant \zeta_{ij}\ \text{时},$$

及

$$\lim_{t\to 0}\frac{I_{ij}(t)}{t} = 0, i \in \Lambda_1, j \in \Lambda_2,$$

成立,那么问题(7.1.1)至少有两个弱解,其中一个是非平凡弱解,另一个是平凡弱解.

为了证明定理7.1,先证明下列的引理.

引理7.4 如果条件(A)、条件(F_3)、条件(F_5)和条件(F_7)满足,则φ满足条件(C)*.

证明 令$\{u_{\alpha n}\}$是$H^1_{\Delta,T}r$中的一个α_n相容序列,且

$$u_{\alpha n} \in X_{\alpha n}, \sup|\varphi(u_{\alpha n})| < +\infty, (1+\|u_{\alpha n}\|)\varphi'(u_{\alpha n}) \to 0,$$

那么存在一个常数$C_{70} > 0$,使得

$$|\varphi(u_{\alpha n})| \leqslant C_{70}, (1+\|u_{\alpha n}\|)\|\varphi'(u_{\alpha n})\| \leqslant C_{70}. \tag{7.3.1}$$

对于充分大的自然数n成立. 另一方面,由条件(F_3)知,存在常数$C_{71} > 0$和$\rho_1 > 0$,使得

$$F(t,x) \leqslant C_{71}|x|^\lambda \tag{7.3.2}$$

对所有的$|x| \geqslant \rho_1$和Δ-几乎处处的$t \in [0,T]_{\mathbb{T}}$成立. 由条件(A)有

$$|F(t,x)| \leqslant \max_{s\in[0,\rho_1]} a(s)b(t) \tag{7.3.3}$$

对所有的$|x| \leqslant \rho_1$且$a.e.\ t \in [0,T]$,从式(7.3.2)和式(7.3.3)知,

$$|F(t,x)| \leqslant \max_{s\in[0,\rho_1]} a(s)b(t) + C_{71}|x|^\lambda \tag{7.3.4}$$

对所有的$x \leqslant \mathbb{R}^N$和Δ-几乎处处的$t \in [0,T]_{\mathbb{T}}$成立. 因为$\bar{a}_{lm} \in L^\infty([0,T]_{\mathbb{T}},\mathbb{R})$,对所有的$l,m = 1,2,\cdots,N$,存在一个常数$C_{72} \geqslant 1$,使得

$$\left|\int_{[0,T]_{\mathbb{T}}}(A^\sigma(t)u^\sigma(t),u^\sigma(t))\Delta t\right| \leqslant C_{72}\int_{[0,T]_{\mathbb{T}}}|u^\sigma(t)|^2\Delta t,\quad \forall u \in H^1_{\Delta,T} \tag{7.3.5}$$

令 $\bar{b} = \max_{l,m=1,2,\cdots,N}\{\bar{b}_{lm}\}$，对 $\forall u \in H^1_{\Delta,T}$，有

$$\left|\int_{[0,T]_{\mathbb{T}}}(Bu^{\sigma}(t),u^{\Delta}(t))\Delta t\right| \leqslant \frac{1}{2}\int_{[0,T]_{\mathbb{T}}}|2Bu^{\sigma}(t)|\ |\Delta t|\Delta t$$
$$\leqslant \frac{1}{4}\int_{[0,T]_{\mathbb{T}}}\left[|2Bu^{\sigma}(t)|^2 + |u^{\Delta}(t)|^2\right]\Delta t$$
$$\leqslant \frac{1}{2}\bar{b}N\int_{[0,T]_{\mathbb{T}}}|u^{\sigma}(t)|^2\Delta t + \int_{[0,T]_{\mathbb{T}}}|u^{\Delta}(t)|^2\Delta t. \tag{7.3.6}$$

从条件（F_5）和式(7.2.3)可得

$$|\varphi(u)| \leqslant \sum_{j=1}^{p}\sum_{i=1}^{N}\int_0^{|u^i(t_j)|}(\beta_{ij} + \gamma_{ij}|t|^{\xi_{ij}})\mathrm{d}t$$
$$\leqslant \bar{\beta}pN\|u\|_{\infty} + \bar{\gamma}\sum_{j=1}^{p}\sum_{i=1}^{N}\|u\|_{\infty}^{\xi_{ij}+1}$$
$$\leqslant \bar{\beta}pNC_1\|u\| + \bar{\gamma}C_1^{\xi_{ij}+1}\sum_{j=1}^{p}\sum_{i=1}^{N}\|u\|^{\xi_{ij}+1}. \tag{7.3.7}$$

对所有的 $u \in H^1_{\Delta,T}$ 成立，其中 $\bar{\beta} = \max_{i\in A_1,j\in A_2}\{\beta_{ij}\}$，$\bar{\gamma} = \max_{i\in A_1,j\in A_2}\{\gamma_{ij}\}$. 组合式(7.3.4)、式(7.3.5)、式(7.3.6)、式(7.3.7)和 Hölder's 不等式，有

$$\frac{1}{2}\|u_{\alpha n}\|^2 = \varphi(u_{\alpha n}) - \varphi(u_{\alpha n}) + \frac{1}{2}\int_{[0,T)_{\mathbb{T}}}|u_{\alpha n}(t)|^2\Delta t +$$
$$\frac{1}{2}\int_{[0,T)_{\mathbb{T}}}(A^{\sigma}(t)u^{\sigma}(t),u^{\sigma}(t))\Delta t -$$
$$\int_{[0,T)_{\mathbb{T}}}(B^{\sigma}u^{\sigma}_{\alpha n}(t),u^{\Delta}_{\alpha n}(t))\Delta t - J(u)$$
$$\leqslant C_{70} + \bar{\beta}pNC_1\|u_{\alpha n}\| + \bar{\gamma}C_1^{\xi_{ij}+1}\sum_{j=1}^{p}\sum_{i=1}^{N}\|u_{\alpha n}\|^{\xi_{ij}+1} +$$
$$C_{72}\int_{[0,T)_{\mathbb{T}}}|u^{\sigma}_{\alpha n}(t)|^2\Delta t + \frac{1}{2}\bar{b}N\int_{[0,T)_{\mathbb{T}}}|u^{\sigma}_{\alpha n}(t)|^2\Delta t +$$

$$\frac{1}{4}\int_{[0,T)_{\mathbb{T}}} |u_{\alpha n}^{\sigma}(t)|^{2}\Delta t + C_{71}\int_{[0,T)_{\mathbb{T}}} |u_{\alpha n}^{\sigma}(t)|^{\lambda}\Delta t +$$

$$\max_{s\in[0,\rho_1]} a(s)\int_{[0,T)_{\mathbb{T}}} b^{\sigma}(t)\Delta t$$

$$\leqslant C_{70} + \bar{\beta}pNC_1\|u_{\alpha n}\| + \bar{\gamma}C_1^{\xi_{ij}+1}\sum_{j=1}^{p}\sum_{i=1}^{N}\|u_{\alpha n}\|^{\xi_{ij}+1} + \frac{1}{4}\|u_{\alpha n}\|^2 +$$

$$\left(C_{72} + \frac{1}{2}\bar{b}N\right)^{T^{\frac{\lambda-2}{\lambda}}}\left(\int_{[0,T)_{\mathbb{T}}} |u_{\alpha n}^{\sigma}(t)|^{\lambda}\Delta t\right)^{\frac{2}{\lambda}} + C_{71}\int_{[0,T)_{\mathbb{T}}} |u_{\alpha n}^{\sigma}(t)|^{\lambda}\Delta t + C_{73}. \tag{7.3.8}$$

对于充分大的自然数 n 成立,其中 $C_{73} = \max_{s\in[0,\rho_1]} a(s)\int_{[0,T)_{\mathbb{T}}} b^{\sigma}(t)\Delta t$. 另外,根据条件 ($F_3$), 存在 $C_{74} > 0, \rho_2 > 0$ 使得

$$(\nabla F(t,x), x) - 2F(t,x) \geqslant C_{74}|x|^{\eta}, \tag{7.3.9}$$

对所有的 $|x| \geqslant \rho_2$ 和Δ-几乎处处的 $t \in [0,T)_{\mathbb{T}}$ 成立. 再由条件(A)知,有

$$|(\nabla F(t,x), x) - 2F(t,x)| \leqslant C_{75}b(t), \tag{7.3.10}$$

对所有的 $|x| \leqslant \rho_2$ 和 Δ- 几乎处处的 $t \in [0,T)_{\mathbb{T}}$ 成立,其中 $C_{75} = (2+\rho_2)\max_{s\in[0,\rho_2]} a(s)$. 联合式(7.3.9)和式(7.3.10),有

$$(\nabla F(t,x), x) - 2F(t,x) \geqslant C_{74}|x|^{\eta} - C_{74}\rho_2^{\eta} - C_{75}b(t), \tag{7.3.11}$$

对所有的 $x \leqslant \mathbb{R}^N$ 和Δ-几乎处处的 $t \in [0,T]_{\mathbb{T}}$ 成立. 由条件 (F_7) 知, 存在 $C_{76} > 0$, 使得

$$2\int_0^t I_{ij}(s)\mathrm{d}s - I_{ij}(t)t \geqslant -C_{76}, i \in A_1,\quad j \in A_2, t \in \mathbb{R}. \tag{7.3.12}$$

因此,通过式(7.3.1)、式(7.3.11)和式(7.3.12),不等式

$$3C_{70} \geqslant 2\varphi(u_{\alpha n}) - \langle \varphi'(u_{\alpha n}), u_{\alpha n}\rangle$$

$$= 2\varphi(u_{\alpha n}) - \langle \varphi'(u_{\alpha n}), u_{\alpha n}\rangle +$$

$$\int_{[0,T)_{\mathbb{T}}}[(\nabla F(\sigma(t),u_{\alpha n}^{\sigma}(t)),u_{\alpha n}^{\sigma}(t))-2F(\sigma(t),u_{\alpha n}^{\sigma}(t))]\Delta t+$$

$$\int_{[0,T)_{\mathbb{T}}}(Bu_{\alpha n}^{\Delta}(t),u_{\alpha n}(t))\Delta t-\int_{[0,T)_{\mathbb{T}}}(Bu_{\alpha n}^{\Delta}(t),u_{\alpha n}^{\sigma}(t))\Delta t$$

$$=\sum_{j=1}^{p}\sum_{i=1}^{N}2\int_{0}^{u_{\alpha n}^{i}(t_j)}I_{ij}(t)\,\mathrm{d}t-I_{ij}(u_{\alpha n}^{i}(t_j),u_{\alpha n}^{i}(t_j))+$$

$$\int_{[0,T)_{\mathbb{T}}}[(\nabla F(\sigma(t),u_{\alpha n}^{\sigma}(t)),u_{\alpha n}^{\sigma}(t))-2F(\sigma(t),u_{\alpha n}^{\sigma}(t))]\Delta t+$$

$$\int_{[0,T)_{\mathbb{T}}}(Bu_{\alpha n}^{\Delta}(t),u_{\alpha n}(t))\Delta t-\int_{[0,T)_{\mathbb{T}}}(Bu_{\alpha n}^{\Delta}(t),u_{\alpha n}(t)+\mu(t)u_{\alpha n}^{\Delta}(t))\Delta t$$

$$=\sum_{j=1}^{p}\sum_{i=1}^{N}2\int_{0}^{u_{\alpha n}^{i}(t_j)}I_{ij}(t)\,\mathrm{d}t-I_{ij}(u_{\alpha n}^{i}(t_j),u_{\alpha n}^{i}(t_j))+$$

$$\int_{[0,T)_{\mathbb{T}}}[(\nabla F(\sigma(t),u_{\alpha n}^{\sigma}(t)),u_{\alpha n}^{\sigma}(t))-2F(\sigma(t),u_{\alpha n}^{\sigma}(t))]\Delta t-$$

$$\int_{[0,T)_{\mathbb{T}}}\mu(t)(Bu_{\alpha n}^{\Delta}(t),u_{\alpha n}^{\Delta}(t))\Delta t$$

$$=\sum_{j=1}^{p}\sum_{i=1}^{N}2\int_{0}^{u_{\alpha n}^{i}(t_j)}I_{ij}(t)\,\mathrm{d}t-I_{ij}(u_{\alpha n}^{i}(t_j))u_{\alpha n}^{i}(t_j))+$$

$$\int_{[0,T)_{\mathbb{T}}}[(\nabla F(\sigma(t),u_{\alpha n}^{\sigma}(t)),u_{\alpha n}^{\sigma}(t))-2F(\sigma(t),u_{\alpha n}^{\sigma}(t))]\Delta t$$

$$\geqslant-pNC_{76}+C_{74}\int_{[0,T)_{\mathbb{T}}}|u_{\alpha n}^{\sigma}|^{\eta}\Delta t-C_{74}\rho_2^{\eta}T-C_{75}\int_{[0,T)_{\mathbb{T}}}b^{\sigma}(t)\Delta t \tag{7.3.13}$$

对充分大的自然数 n 成立. 由不等式(7.3.13)知, $\int_{[0,T)_{\mathbb{T}}}|u_{\alpha n}^{\sigma}|^{\eta}\Delta t$ 是有界的. 当 $\eta>\lambda$ 时,由 Hölder's 不等式有

$$\int_{[0,T)_{\mathbb{T}}}|u_{\alpha n}^{\sigma}|^{\lambda}\Delta t\leqslant T^{\frac{\eta-\lambda}{\eta}}\left(\int_{[0,T)_{\mathbb{T}}}|u_{\alpha n}^{\sigma}|^{\eta}\Delta t\right)^{\frac{\lambda}{\eta}}. \tag{7.3.14}$$

因为 $\xi_{ij}\in[0,1]$, 对所有 $i\in A_1$, $j\in A_2$, 通过式(7.3.8)和式

(7.3.14), $\{u_{\alpha n}\}$ 在 $H^1_{\Delta,T}$ 中界. 当 $\eta \leqslant \lambda$ 时,由不等式(2.3.19)知

$$\int_{[0,T)_{\mathbb{T}}} |u^{\sigma}_{\alpha n}(t)|^{\lambda}\Delta t = \int_{[0,T)_{\mathbb{T}}} |u^{\sigma}_{\alpha n}(t)|^{\eta} |u^{\sigma}_{\alpha n}(t)|^{\lambda-\eta}\Delta t$$

$$\leqslant \|u_{\alpha n}\|^{\lambda-\eta}_{\infty}\int_{[0,T)_{\mathbb{T}}} |u^{\sigma}_{\alpha n}(t)|^{\eta}\Delta t$$

$$\leqslant C^{\lambda-\eta}_{69}\|u_{\alpha n}\|^{\lambda-\eta}\int_{[0,T)_{\mathbb{T}}} |u^{\sigma}_{\alpha n}(t)|^{\eta}\Delta t. \quad (7.3.15)$$

因为$\xi_{ij} \in [0,1)$, $\lambda - \eta < 2$, 结合式(7.3.8)和式(7.3.15), $\{u_{\alpha n}\}$ 在 $H^1_{\Delta,T}$ 中有界,所以 $\{u_{\alpha n}\}$ 在 $H^1_{\Delta,T}$ 中是有界的. 通过取子列的方式,不妨假设在 $H^1_{\Delta,T}$ 中 $u_{\alpha n} \xrightarrow{弱} u$. 根据定理 2.8, 我们断言 $\|u_{\alpha n} - u\| \to 0$ 且 $\int_{[0,T)_{\mathbb{T}}} |u^{\sigma}_{\alpha n} - u^{\sigma}|\Delta t \to 0$. 因此,通过式(7.3.5)和式(7.3.6),可推得

$$\begin{aligned}
&\int_{[0,T)_{\mathbb{T}}} |u^{\Delta}_{\alpha n} - u^{\Delta}|\Delta t \\
&= \langle \varphi'(u_{\alpha n}) - \varphi'(u), u_{\alpha n} - u\rangle - \sum_{j=1}^{p}\sum_{i=1}^{N}(I_{ij}(u^{i}_{\alpha n}(t_j)) - \\
&\quad I_{ij}(u^{i}(t_j)))(u^{i}_{\alpha n}(t_j) - u^{i}(t_j)) + \\
&\quad \int_{[0,T)_{\mathbb{T}}}(A^{\sigma}(t)(u^{\sigma}_{\alpha n} - u), u^{\sigma}_{\alpha n} - u^{\sigma})\Delta t + 2\int_{[0,T)_{\mathbb{T}}}(B(u^{\Delta}_{\alpha n} - u^{\Delta}), u_{\alpha n} - u)\Delta t + \\
&\quad \int_{[0,T)_{\mathbb{T}}}(\nabla F(\sigma(t), u^{\sigma}_{\alpha n}) - \nabla F(\sigma(t), u^{\sigma}), u^{\sigma}_{\alpha n} - u^{\sigma})\Delta t \\
&\leqslant \|\varphi'(u_{\alpha n})\|\|u_{\alpha n} - u\| - \langle \varphi'(u), u_{\alpha n} - u\rangle - \sum_{j=1}^{p}\sum_{i=1}^{N}(I_{ij}(u^{i}_{\alpha n}(t_j)) - \\
&\quad I_{ij}(u^{i}(t_j)))(u^{i}_{\alpha n}(t_j) - u^{i}(t_j)) + C_{72}\int_{[0,T)_{\mathbb{T}}} |u^{\sigma}_{\alpha n} - u^{\sigma}|^2\Delta t + \\
&\quad \frac{1}{2}\bar{b}N\int_{[0,T)_{\mathbb{T}}} |u^{\sigma}_{\alpha n} - u^{\sigma}|^2\Delta t + \frac{1}{4}\int_{[0,T)_{\mathbb{T}}} |u^{\Delta}_{\alpha n} - u^{\Delta}|^2\Delta t + \\
&\quad \|u_{\alpha n} - u\|_{\infty}\int_{[0,T)_{\mathbb{T}}} |\nabla F(\sigma(t), u^{\sigma}_{\alpha n}) - \nabla F(\sigma(t), u^{\sigma})|\Delta t.
\end{aligned}$$

这意味着 $\int_{[0,T)_{\mathbb{T}}} |\dot{u}_{\alpha n} - \dot{u}|^2 \Delta t \to 0$，因此 $\|u_{\alpha n} - u\| \to 0$. 故在 $H^1_{\Delta,T}$ 中 $u_{\alpha n} \to u$，即 φ 满足条件（C）*. ■

现在，证明定理 7.1.

证明　由引理 7.1 易知，$\varphi \in C^1(X,\mathbb{R})$. 令 $X = H^1_{\Delta,T}, X^1 = H^+$，且 $(e_n)_{n\geqslant 1}$ 为它的希尔伯特基，$X^2 = H^- \oplus H^0$，并定义

$$X^1_n = \text{span}\{e_1, e_2, \cdots, e_n\}, n \in \mathbb{N},$$

$$X^2_n = X^2, n \in \mathbb{N}.$$

那么

$$X^1_0 \subset X^1_1 \subset \cdots \subset X^1, X^2_0 \subset X^2_1 \subset \cdots \subset X^2, X^1 = \overline{\bigcup_{n\in\mathbb{N}} X^1_n}, X^2 = \overline{\bigcup_{n\in\mathbb{N}} X^2_n}.$$

且

$$\dim X^1_n < +\infty, \quad \dim X^2_n < +\infty, \quad n \in \mathbb{N}.$$

这里分四步证明定理 7.1.

第一步，利用引理 4.1，φ 满足条件（C）*.

第二步，证明 φ 把有界集映为有界集. 式(7.2.2)、式(7.3.4)、式(7.3.5)、式(7.3.6)和式(7.3.7)说明对所有的 $u \in H^1_{\Delta,T}$，有

$$\begin{aligned}
|\varphi(u)| = & \left| \frac{1}{2}\int_{[0,T)_{\mathbb{T}}} |u^{\Delta}(t)|^2 \Delta \mathrm{d}t + \sum_{j=1}^{p}\sum_{i=1}^{N}\int_0^{u^i(t_j)} I_{ij}(t)\mathrm{d}t + \int_{[0,T)_{\mathbb{T}}} (Bu^{\sigma}(t), u^{\Delta}(t))\Delta t \right| - \\
& \frac{1}{2}\int_{[0,T)_{\mathbb{T}}} (A^{\sigma}(t)u^{\sigma}(t), u^{\sigma}(t))\Delta t + J(u) \\
\leqslant & \frac{1}{2}\int_{[0,T)_{\mathbb{T}}} |u^{\Delta}(t)|^2 \Delta t + \frac{C_{72}}{2}\int_{[0,T)_{\mathbb{T}}} |u^{\sigma}(t)|^2 t + \bar{\beta} pNC_1\|u\| + \\
& \bar{\gamma} C_{69}^{\xi_{ij}+1} \sum_{j=1}^{p}\sum_{i=1}^{N} \|u\|^{\xi_{ij}+1} + \frac{1}{2}\bar{b}N\int_{[0,T)_{\mathbb{T}}} |u^{\sigma}(t)|^2 \Delta t + \\
& \frac{1}{4}\int_{[0,T)_{\mathbb{T}}} |u^{\Delta}(t)|^2 \Delta t +
\end{aligned}$$

$$C_{71}\int_{[0,T)_{\mathbb{T}}}|u^{\sigma}(t)|^{\lambda}\Delta t+\max_{s\in[0,\rho_1]}a(s)\int_{[0,T)_{\mathbb{T}}}b^{\sigma}(t)\Delta t$$

$$\leqslant\frac{1}{2}(C_{72}C_{69}^2+\bar{b}NC_{69}^2+2)\|u\|^2+\bar{\beta}pNC_{69}\|u\|+$$

$$\bar{\gamma}C_{69}^{\xi_{ij}+1}\sum_{j=1}^{p}\sum_{i=1}^{N}\|u\|^{\xi_{ij}+1}+C_{71}T\|u\|_{\infty}^{\lambda}+C_{73}$$

$$\leqslant\frac{1}{2}(C_{72}C_{69}^2+\bar{b}NC_{69}^2+2)\|u\|^2+\bar{\beta}pNC_{69}\|u\|+$$

$$\bar{\gamma}C_{69}^{\xi_{ij}+1}\sum_{j=1}^{p}\sum_{i=1}^{N}\|u\|^{\xi_{ij}+1}+C_{71}TC_{69}^{\lambda}\|u\|_{\infty}^{\lambda}+C_{73}.$$

因此,φ 把有界集映为有界集.

第三步,证明 φ 在0处关于 (X^1,X^2) 局部环绕. 由条件 (F_2) 知, 对 $\varepsilon_1=\dfrac{\delta}{4C_1^2}$, 存在 $\rho_4>0$, 使得

$$|F(t,x)|\leqslant\varepsilon_1|x|^2,\tag{7.3.16}$$

对所有的 $|x|\leqslant\rho_3$ 和 Δ- 几乎处处的 $t\in[0,T]_{\mathbb{T}}$ 成立. 应用条件 (F_7), 对 $\varepsilon_2=\dfrac{\delta}{4pNC_1^2}$, 存在 $\rho_4>0$, 使得

$$|I_{ij}(t)|\leqslant\varepsilon_2|t|,\ |t|\leqslant\rho_4,\ i\in A_1,\ j\in A_2.\tag{7.3.17}$$

令 $\rho_5=\min\{\rho_3,\rho_4\}$, 对 $u\in X^1$ 且 $\|u\|\leqslant r_1\overset{\Delta}{=}\dfrac{\rho_5}{C_1}$, 由式(2.3.9)、式(7.2.2)、式(7.2.7)、式(7.3.16)和式(7.3.17)知

$$\varphi(u)=q(u)+\sum_{j=1}^{p}\sum_{i=1}^{N}\int_0^{u^i(t_j)}I_{ij}(t)\mathrm{d}t-\int_{[0,T)_{\mathbb{T}}}F(\sigma(t),u^{\sigma}(t))\Delta t$$

$$\geqslant\delta\|u\|^2-\sum_{j=1}^{p}\sum_{i=1}^{N}\int_0^{|u^i(t_j)|}|I_{ij}(t)|\mathrm{d}t-\varepsilon_1\int_{[0,T)_{\mathbb{T}}}|u^{\sigma}(t)|^2\Delta t$$

$$\geqslant\delta\|u\|^2-\sum_{j=1}^{p}\sum_{i=1}^{N}\int_0^{|u^i(t_j)|}\varepsilon_2|t|\mathrm{d}t-\varepsilon_1\int_{[0,T)_{\mathbb{T}}}|u^{\sigma}(t)|^2\Delta t$$

$$\geqslant \delta\|u\|^2 - \varepsilon_2 \sum_{j=1}^{p}\sum_{i=1}^{N}\int_0^{|u^i(t_j)|}\|u\|_\infty^2 - \varepsilon_1\int_{[0,T)_{\mathbb{T}}}|u^\sigma(t)|^2\Delta t$$

$$\geqslant \delta\|u\|^2 - \varepsilon_2 pNC_1^2\|u\|^2 - \varepsilon_1 pC_1^2\|u\|^2$$

$$\geqslant \delta\|u\|^2 - \frac{\delta}{4}\|u\|^2 - \frac{\delta}{4}C_1^2\|u\|^2$$

$$= \frac{\delta}{2}\|u\|^2.$$

这表明

$$\varphi(u) \geqslant 0, \quad \forall u \in X^1 \text{ 且} \|u\| \leqslant r_1.$$

另一方面,由条件 (F_6) 易知

$$\varphi(u) \leqslant 0, u \in H_{\Delta,T}^1. \tag{7.3.18}$$

如果 $u = u^- + u^0 \in X^2$ 满足 $\|u\| \leqslant r_2 \overset{\Delta}{=} \frac{r}{C_1}$, 则利用条件 ($F_4$)、式(2.3.9)、式 (7.2.2)、式(7.2.6)和式(7.3.18)可得

$$\varphi(u) = q(u) + \varphi(u) - \int_{[0,T)_{\mathbb{T}}} F(\sigma(t), u^\sigma(t))\Delta t$$

$$\leqslant -\delta\|u^-\|^2 - \int_{[0,T)_{\mathbb{T}}} F(\sigma(t), u^\sigma(t))\Delta t$$

$$\leqslant -\delta\|u^-\|^2.$$

由此可见

$$\varphi(u) \leqslant 0, \forall u \in X^2 \text{ 与} \|u\| \leqslant r_2.$$

令 $r_0 = \min\{r_1, r_2\}$. 则 φ 满足引例 4.1 的条件 (I_1).

第四步, 证明对所有的 $n \in N$, 当 $\|u\| \to \infty, u \in X_n^1 \oplus X^2$ 时, $\varphi(u) \to -\infty$.

对于给定的 $n \in N$, 由于 $X_n^1 \oplus X^2$ 有限维空间,所以存在 $C_{77} > 0$ 使得

$$\|u\| \leqslant C_{77}\|u\|_{L_\Delta^2}, \forall u \in X_n^1 \oplus X^2. \tag{7.3.19}$$

由条件 (F_1) 知,存在 $\rho_6>0$ 使得当 $|x|\geqslant\rho_6$ 且 Δ-$a.e.\ t\in[0,T)_{\mathbb{T}}$ 时

$$F(t,x)\geqslant C_{77}^2(C_{72}C_{69}+\bar{b}NC_{69}+2+\delta)|x|^2. \tag{7.3.20}$$

从条件 (A) 可得,当 $|x|\leqslant\rho_6$ 且 Δ-$a.e.\ t\in[0,T)_{\mathbb{T}}$ 时

$$|F(t,x)|\leqslant\max_{s\in[0,\rho_6]}a(s)b(t). \tag{7.3.21}$$

不等式(7.3.20)和不等式(7.3.21)表明

$$F(t,x)\geqslant C_{77}^2(C_{72}C_{69}^2+\bar{b}NC_{69}^2+2+\delta)|x|^2-C_{78}-\max_{s\in[0,\rho_6]}a(s)b(t), \tag{7.3.22}$$

对所有 $x\in\mathbb{R}^N$ 和 Δ-$a.e.\ t\in[0,T)_{\mathbb{T}}$ 成立,其中 $C_{78}=C_{77}^2\left(C_{72}+\frac{\bar{b}N}{2}+\frac{1}{2}+\delta\right)\rho_6^2$. 利用式(7.2.2)、式(7.2.6)、式(7.3.5)、式(7.3.7)、式(7.3.18)和式(7.3.22)知,对 $u=u^++u^0+u^-\in X_n^1\oplus X^2=X_n^1\oplus H^0\oplus H^-$,

$$\begin{aligned}
\varphi(u)=&\frac{1}{2}\int_{[0,T)_{\mathbb{T}}}|u^\Delta(t)|^2\Delta t+\sum_{j=1}^{p}\sum_{i=1}^{N}\int_0^{u^i(t_j)}I_{ij}(t)\mathrm{d}t+\int_{[0,T)_{\mathbb{T}}}(Bu^\sigma(t),u^\Delta(t))\Delta t-\\
&\frac{1}{2}\int_{[0,T)_{\mathbb{T}}}(A^\sigma(t)u^\sigma(t),u^\sigma(t))\Delta t-\int_{[0,T)_{\mathbb{T}}}F(\sigma(t),u^\sigma(t))\Delta t\\
\leqslant&-\delta\|u^-\|^2+\frac{1}{2}\int_{[0,T)_{\mathbb{T}}}|(u^+)^\Delta(t)|^2\Delta t+\int_{[0,T)_{\mathbb{T}}}(B(u^+)^\sigma(t),(u^+)^\Delta(t))\Delta t-\\
&\frac{1}{2}\int_{[0,T)_{\mathbb{T}}}(A^\sigma(t)(u^+)^\sigma(t),(u^+)^\sigma(t))\Delta t-\int_{[0,T)_{\mathbb{T}}}F(\sigma(t),u^\sigma(t))\Delta t\\
\leqslant&-\delta\|u^-\|^2+\frac{1}{2}\int_{[0,T)_{\mathbb{T}}}|(u^+)^\Delta(t)|^2\Delta t+\frac{\bar{b}N}{2}\int_{[0,T)_{\mathbb{T}}}|(u^+)^\sigma(t)|^2\Delta t+\\
&\frac{1}{4}\int_{[0,T)_{\mathbb{T}}}|(u^+)^\Delta(t)|^2\Delta t+\frac{C_{72}}{2}\int_{[0,T)_{\mathbb{T}}}|(u^+)^\sigma(t)|^2\Delta t-\\
&\int_{[0,T)_{\mathbb{T}}}F(\sigma(t),u^\sigma(t))\Delta t
\end{aligned}$$

$$\leqslant -\delta\|u^-\|^2 + \frac{1}{2}(C_{72}C_{69}^2 + \bar{b}NC_{69}^2 + 2)\|u^+\|^2 -$$

$$C_{77}^2(C_{72}C_{69} + \bar{b}NC_{69}^2 + 2 + \delta)\|u\|_{L_\Delta^2}^2 + C_{78}T + C_{79}$$

$$\leqslant -\delta\|u^-\|^2 + (C_{72}C_{69}^2 + \bar{b}NC_{69}^2 + 2)\|u^+\|^2 -$$

$$(C_{72}C_{69}^2 + \bar{b}NC_{69}^2 + 2 + \delta)\|u\|^2 + C_{78}T + C_{79}$$

$$= -\delta\|u^-\|^2 + (C_{72}C_{69}^2 + \bar{b}NC_{69}^2 + 2)\|u^+\|^2 -$$

$$(C_{72}C_{69}^2 + \bar{b}NC_{69}^2 + 2 + \delta)\|u^+ + u^0 + u^-\|^2 + C_{78}T + C_{79}$$

$$\leqslant -\delta\|u^-\|^2 + (C_{72}C_{69}^2 + \bar{b}NC_{69}^2 + 2)\|u^+\|^2 - (C_{72}C_{69}^2 + \bar{b}NC_{69}^2 + 2 + \delta)\|u^+\|^2 -$$

$$\delta\|u^0 + u^-\|^2 + C_{78}T + C_{79}$$

$$\leqslant -\delta\|u^-\|^2 + (C_{72}C_{69}^2 + \bar{b}NC_{69}^2 + 2)\|u^+\|^2 -$$

$$(C_{72}C_{69}^2 + \bar{b}NC_{69} + 2 + \delta)\|u^+\|^2 - \delta\|u^0\|^2 + C_{78}T + C_{79}$$

$$= -\delta\|u\|^2 + C_{78}T + C_{79},$$

其中 $C_{79} = \max_{s\in[0,\rho_6]} a(s)\int_{[0,T)_{\mathbb{T}}} b^\sigma(t)\Delta t$. 因此,对所有的 $n \in N$, 当 $\|u\| \to \infty$ 且 $X_n^1 \oplus X^2$ 时 $\varphi(u) \to -\infty$.

所以,通过引理 4.1 知,问题(7.1.1)至少存在一个非平凡弱解和一个平凡弱解. ■

【例 4.1】 设 $T = 3, N = 4, t_1 = 1, t_2 = 2$. 考虑二阶脉冲 Hamiltonian 系统

$$\begin{cases} \ddot{u}(t) + 2B\dot{u}(t) + A(t)u(t) + \nabla F(t,x) = 0, a.e.\ t \in [0,3]; \\ u(0) - u(3) = \dot{u}(0) - \dot{u}(3) = 0, \\ \Delta\dot{u}^i(t_j) = \dot{u}^i(t_j^+) - \dot{u}^i(t_j^-) = I_{ij}(u^i(t_j)), i = 1,2,3,4; j = 1,2. \end{cases} \tag{7.3.23}$$

其中 $A(t)$ 是单位矩阵，$B=\begin{pmatrix}0 & -1 & -2 & -3\\ 1 & 0 & -5 & -9\\ 2 & 5 & 0 & -2\\ 3 & 9 & 2 & 0\end{pmatrix}$，$F(t,x)=|x|^4$，

$$I_{ij}(t)=\begin{cases}0, & t\geqslant 4,\\ -(t-4)^5, & 3\leqslant t<4,\\ t-2, & 1<t<3,\\ -t^5, & |t|\leqslant 1,\\ t+2, & -3<t<1,\\ -(t+4)^5, & -4<t\leqslant -3,\\ 0, & t\leqslant -4,\end{cases}\qquad i=1,2,3,4;j=1,2.$$

因为 $\lambda=\eta=4$ 以及 $\beta_{ij}=r_{ij}=1,\xi_{ij}=5,\zeta_{ij}=4(i\in\Lambda_1,j\in\Lambda_2)$，所以定理 7.1 的所有条件都成立. 根据定理 7.1，问题(7.3.23)至少有一个弱解.

定理 7.2 假设满足条件(A)、条件(F_1)、条件(F_3)、条件(F_5)、条件(F_6)、条件(F_7)和以下条件：

(F_8) 对于 Δ-a. e. $t\in[0,T]_{\mathbb{T}}$，$\lim\limits_{|x|\to 0}\sup\dfrac{F(t,x)}{|x|^2}\leqslant 0$ 是一致地，

(F_9) 对于所有 $x\in R^N$ 与 Δ-a. e. $t\in[0,T]_{\mathbb{T}}$，有 $F(t,x)\geqslant 0$.

那么问题(1)至少有一个非平凡弱解.

证明 设 $E_1=H^+,E_2=H^-\oplus H^0$ 和 $E=H^1_{\Delta,T}$. 则 E 是一个实的 Hilbert 空间，$E=E_1\oplus E_2,E_2=E_1^{\perp}$，并且 $\dim(E_2)<+\infty$.

从引理 7.4 的证明中，可知 φ 满足条件(C).

另一方面，对任意小的 $\varepsilon_3=\dfrac{3\delta}{8C_1^2}$，由条件$(F_8)$知，存在 $\rho_7>0$ $(\rho_7<\rho_1)$ 使得

$$F(t,x) \leqslant \varepsilon_3 |x|^2, |x| < \rho_7, \Delta\text{-}a.e.\ t \in [0,T]_{\mathbb{T}}. \tag{7.3.24}$$

由条件 (F_7) 知，对 $\varepsilon_4 = \dfrac{\delta}{8pNC_1^2}$，存在 $\rho_8 > 0$ 使得

$$|I_{ij}(t)| \leqslant \varepsilon_4 |t|, |t| \leqslant \rho_8, i \in \Lambda_1, j \in \Lambda_2. \tag{7.3.25}$$

令 $\rho_9 = \dfrac{1}{2}\min\{\rho_7, \rho_8\}$. 当 $u \in E_1$ 且 $\|u\| \leqslant r_1 \overset{\Delta}{=} \dfrac{\rho_9}{C_1}$，由式(2.3.9)、式(7.2.2)、式(7.2.7)、式(7.3.24)和式(7.3.25)得

$$\begin{aligned}
\varphi(u) &= q(u) + \sum_{j=1}^{p}\sum_{i=1}^{N}\int_0^{u^i(t_j)} I_{ij}(t)\,\mathrm{d}t - \int_{[0,T)_{\mathbb{T}}} F(\sigma(t), u^{\sigma}(t))\Delta t \\
&\geqslant \delta\|u\|^2 - \sum_{j=1}^{p}\sum_{i=1}^{N}\int_0^{|u^i(t_j)|} |I_{ij}(t)|\,\mathrm{d}t - \varepsilon_3\int_{[0,T)_{\mathbb{T}}} |u^{\sigma}(t)|^2\Delta t \\
&\geqslant \delta\|u\|^2 - \sum_{j=1}^{p}\sum_{i=1}^{N}\int_0^{|u^i(t_j)|} \varepsilon_4|t|\,\mathrm{d}t - \varepsilon_3\int_{[0,T)_{\mathbb{T}}} |u^{\sigma}(t)|^2\Delta t \\
&\geqslant \delta\|u\|^2 - \varepsilon_4\sum_{j=1}^{p}\sum_{i=1}^{N}\|u\|_{\infty}^2 - \varepsilon_3\int_{[0,T)_{\mathbb{T}}} |u^{\sigma}(t)|^2\Delta t \\
&\geqslant \delta\|u\|^2 - \varepsilon_4 pNC_1^2\|u\|^2 - \varepsilon_3 C_1^2\|u\|^2 \\
&\geqslant \delta\|u\|^2 - \frac{\delta}{8}\|u\|^2 - \frac{3\delta}{8}\|u\|^2 \\
&= \frac{\delta}{2}\|u\|^2.
\end{aligned}$$

从而，

$$\varphi(u) \geqslant \frac{\delta\rho_9}{2} \overset{\Delta}{=} \sigma > 0, \forall u \in E_1 \text{ 且 } \|u\| = \rho_9. \tag{7.3.26}$$

另外，与文献[91]中的证明一样，可以证明 J' 是紧的. 由式(7.2.5)、式(7.3.26)和引理 7.2 知，φ 满足引理 4.2 中的条件 (I_5)、条件(I_6) 和条件(I_6) 以及条件(ⅰ)，其中 $S = \partial B_{\rho_9} \cap E_1$.

设 $e \in E_1 \cap \partial B_1, r_3 > \rho_9, r_4 > 0, Q = \{se : s \in (0, r_3)\} \oplus (B_{r_4} \cap E_2)$

且 $\tilde{E}=\mathrm{span}\{e\}\oplus E_2$. 那么 S 和 ∂Q 环绕,其中 $B_{r_4}=\{u\in E:\|u\|\leqslant r_4\}$. 再设

$$Q_1=\{u\in E_2:\|u\|\leqslant r_4\},Q_2=\{r_3e+u:u\in E_2,\text{且}\|u\|\leqslant r_4\}$$

$$Q_3=\{se+u:s\in[0,r_3],u\in E_2,\text{且}\|u\|=r_4\}.$$

则 $\partial Q=Q_1\cup Q_2\cup Q_3$.

利用条件 (F_9)、式(7.2.5)、式(7.2.6)和式(7.3.18)可得 $\varphi|_{Q_1}\leqslant 0$. 对每一个 $r_3e+u\in Q_2$, 发现 $u=u^0+u^-\in E_2$ 且 $\|u\|\leqslant r_4$. 因此,存在 $C_{80}>0$ 使得

$$\|r_3e+u\|_\infty\leqslant C_{12},\forall r_3e+u\in Q_2. \tag{7.3.27}$$

由条件 (F_1) 知,对充分大的 $M>0$, 存在 $\rho_{10}>0$ 使得

$$F(t,x)\geqslant M|x|^2,\forall|x|\geqslant\rho_{10},\Delta\text{-}a.e.\ t\in[0,T]_{\mathbb{T}}. \tag{7.3.28}$$

因为有限维空间中的所有范数等价,由条件 (F_9)、式(7.3.27)和式(7.3.28)知,存在 $C_{81}>0$ 使得

$$\begin{aligned}&\int_{[0,T)_{\mathbb{T}}}F(\sigma(t),r_3e^\sigma(t)+u^\sigma(t))\Delta t\\&\geqslant M\int_{[0,T)_{\mathbb{T}}}|r_3e^\sigma(t)+u^\sigma(t)|^2\Delta t-MC_{12}^2T\\&\geqslant MC_{81}\|r_3e+u\|^2-MC_{80}^2T\\&=MC_{81}(r_3^2+\|u\|^2)-MC_{80}^2T.\end{aligned} \tag{7.3.29}$$

因而,由式(7.3.18)和式(7.3.29)知,对充分大的 $M>0$ 和 $r_3>\rho_9$ 有

$$\begin{aligned}\varphi(r_3e+u)=&\frac{r_3^2}{2}\langle(I-K)e,e\rangle+\frac{1}{2}\langle(I-K)u,u\rangle+\varphi(r_3e+u)-\\&\int_{[0,T)_{\mathbb{T}}}F(\sigma(t),r_3e^\sigma(t)+u^\sigma(t))\Delta t\\\leqslant&\frac{r_3^2}{2}\|I-K\|-\delta\|u^-\|^2-MC_{81}(r_3^2+\|u\|^2)+MC_{80}^2T\end{aligned}$$

$$\leqslant -\left(MC_{81} - \frac{1}{2}\|I-K\|\right)r_3^2 + MC_{80}^2 T$$

$$\leqslant 0.$$

此外,当 $se+u \in Q_3$ 时, $s \in [0,r_3]$, $u \in E_2$ 且 $\|u\|=r_4$. 所以存在 $C_{82}>0$ 使得

$$\|se+u\|_\infty \leqslant C_{14},\ \forall se+u \in Q_3. \tag{7.3.30}$$

由有限维空间范数的等价性以及 条件(F_9)、式(7.3.28)和式(7.3.30)知

$$\begin{aligned}\int_{[0,T)_{\mathbb{T}}} F(\sigma(t),\ se^\sigma(t)+u^\sigma(t))\Delta t &\geqslant M\int_{[0,T)_{\mathbb{T}}} |se^\sigma(t)+u^\sigma(t)|^2\Delta t - MC_{14}^2 T\\ &\geqslant MC_{81}\|se+u\|^2 - MC_{14}^2 T\\ &= MC_{81}(s^2+\|u\|^2) - MC_{14}^2 T\\ &= MC_{81}(s^2+r_4^2) - MC_{82}^2 T.\end{aligned} \tag{7.3.31}$$

因此,由式(7.3.18)和式(7.3.31)知,对充分大的 $M>0$ 和 $r_4>0$,有

$$\begin{aligned}\varphi(se+u) &= \frac{s^2}{2}\langle (I-K)e,e\rangle + \frac{1}{2}\langle (I-K)u,u\rangle + \varphi(se+u) -\\ &\quad \int_{[0,T)_{\mathbb{T}}} F(\sigma(t),\ se^\sigma(t)+u^\sigma(t))\Delta t\\ &\leqslant \frac{s^2}{2}\|I-K\| - \delta\|u^-\|^2 - MC_{81}(s^2+r_4^2) + MC_{82}^2 T\\ &\leqslant -\left(MC_{81} - \frac{1}{2}\|I-K\|\right)s^2 - MC_{81}r_4^2 + MC_{82}^2 T\\ &\leqslant 0.\end{aligned}$$

综上所述,φ 满足引理 4.2 的所有条件,因此 φ 有临界值 $c \geqslant \sigma > 0$. 从而,问题(7.1.1)至少有一个非平凡弱解. ■

注 7.1　有很多满足条件(A)、条件(F_1)、条件(F_3)、条件(F_8)和条件(F_9)的函数,例如, $F(t,x)=e^{2t}|x|^4$.

接下来,我们给出两种多解结果.

定理 7.3 如果条件(A)、条件(F_1)、条件(F_3)、条件(F_5)、条件(F_7)、条件(F_8)和以下条件成立.

(F_{10})$I_{ij}(i \in \Lambda_1, j \in \Lambda_2)$ 是奇数.

(F_{11})$F(t,x)$ 在 x 中是偶数,且 $F(t,0)=0$.

那么问题(7.1.1)有一个无界的解序列.

证明 设 $W = H^+$,$V = H^- \oplus H^0$ 和 $E = H^1_{\Delta,T}$. 则 $E = V \oplus W$,$\dim V < +\infty$ 且 $\varphi \in C^1(E,R)$. 由引理 7.4 的证明可知,φ 满足条件(C). 通过定理 7.2 的证明,我们知道存在一个 $\rho_9 > 0$ 和 $\sigma > 0$ 使得

$$\varphi(u) \geqslant \sigma, \forall u \in W \text{ 且 } \|u\| = \rho_9.$$

对空间 E 的每一个有限维子空间 $\tilde{E}$, 由有限维空间范数的等价性知,存在常数 $C_{83} > 0$ 使得

$$\int_{[0,T)_{\mathbb{T}}} |u^\sigma(t)|^2 \Delta t \geqslant C_{83}\|u\|^2, \forall u \in \tilde{E}. \tag{7.3.32}$$

令常数 $M = (C_{72}C_{69}^2 + \bar{b}NC_{69}^2 + 2)$. 则由条件($F_1$)知,存在 $\rho_{11} > 0$ 使得

$$F(t,x) \geqslant M|x|^2, \forall |x| \geqslant \rho_{11} \text{ 且 } \Delta\text{-}a.e.\ t \in [0,T]. \tag{7.3.33}$$

而条件(A)和式(7.3.33)表明

$$F(t,x) \geqslant M|x|^2 - M\rho_{11}^2 - C_{84}b(t), \forall x \in R^N \text{ 且 } \Delta\text{-}a.e.\ t \in [0,T]. \tag{7.3.34}$$

其中 $C_{84} = \max\limits_{s \in [0,\rho_{11}]} a(s)$. 因此,结合式(7.2.2)、式(7.3.5)、式(7.3.6)、式(7.3.7)、式(7.3.32)和式(7.3.34),对每个 $u \in \tilde{E}$ 都有

$$\begin{aligned}\varphi(u) = {} & \frac{1}{2}\int_{[0,T)_{\mathbb{T}}} |u^\Delta(t)|^2 \Delta t + \sum_{j=1}^{p}\sum_{i=1}^{N}\int_0^{u^i(t_j)} I_{ij}(t)\mathrm{d}t + \int_{[0,T)_{\mathbb{T}}} (Bu^\sigma(t), u^\Delta(t))\Delta t - \\ & \frac{1}{2}\int_{[0,T)_{\mathbb{T}}} (A^\sigma(t)u^\sigma(t), u^\Delta(t))\Delta t - \int_{[0,T)_{\mathbb{T}}} F(\sigma(t), u^\sigma(t))\Delta t\end{aligned}$$

$$\leqslant \frac{1}{2}\int_{[0,T)_{\mathbb{T}}} |u^{\Delta}(t)|^2\Delta t + \frac{C_{72}}{2}\int_{[0,T)_{\mathbb{T}}} |u^{\sigma}(t)|^2\Delta t + \bar{\beta}pNC_1\|u\| +$$

$$\bar{\gamma}C_1^{\xi_{ij}+1}\sum_{j=1}^{p}\sum_{i=1}^{N}\|u\|^{\xi_{ij}+1} + \frac{\bar{b}N}{2}\int_{[0,T)_{\mathbb{T}}} |u^{\sigma}(t)|^2\Delta t + \frac{1}{4}\int_{[0,T)_{\mathbb{T}}} |u^{\Delta}(t)|^2\Delta t -$$

$$M\int_{[0,T)_{\mathbb{T}}} |u^{\sigma}(t)|^2\Delta t + M\rho_{11}^2T + C_{84}\int_{[0,T)_{\mathbb{T}}} b^{\sigma}(t)\Delta t$$

$$\leqslant \frac{1}{2}\int_{[0,T)_{\mathbb{T}}} |u^{\Delta}(t)|^2\Delta t + \frac{C_{72}}{2}\int_{[0,T)_{\mathbb{T}}} |u^{\sigma}(t)|^2\Delta t + \bar{\beta}pNC_1\|u\| +$$

$$\bar{\gamma}C_1^{\xi_{ij}+1}\sum_{j=1}^{p}\sum_{i=1}^{N}\|u\|^{\xi_{ij+1}} + \frac{\bar{b}N}{2}\int_{[0,T)_{\mathbb{T}}} |u^{\sigma}(t)|^2\Delta t +$$

$$\frac{1}{4}\int_{[0,T)_{\mathbb{T}}} |u^{\Delta}(t)|^2\Delta t - MC_{83}\|u\|^2 + M\rho_{11}^2T + C_{85}$$

$$\leqslant \frac{1}{2}(C_{72}C_{69}^2 + \bar{b}NC_{69}^2 + 2 - 2M)\|u\|^2 + \bar{\beta}pNC_1\|u\| +$$

$$\bar{\gamma}C_{69}^{\xi_{ij}+1}\sum_{j=1}^{p}\sum_{i=1}^{N}\|u\|^{\xi_{ij}+1} + M\rho_{11}^2T + C_{85},$$

其中 $C_{85} = C_{84}\int_{[0,T)_{\mathbb{T}}} b^{\sigma}(t)\Delta t$. 因此,当 $u \in \tilde{E}$ 且 $\|u\| \to \infty$ 时

$$\varphi(u) \to -\infty. \tag{7.3.35}$$

这说明,存在 $R = R_{(\tilde{E})} > 0$ 使得在 $\tilde{E}\backslash B_R$ 中 $\varphi \leqslant 0$.

另一方面,由条件(F_{10})和条件(F_{11})可知,φ 是偶泛函且 $\varphi(0) = 0$. 根据引理 4.3,φ 有一个临界点序列 $\{u_n\} \subset E$ 使得 $|\varphi(u_n)| \to \infty$. 如果 $\{u_n\}$ 在 E 内有界,则由 φ 的定义知,$\{|\varphi(u_n)|\}$ 也是有界的,与 $\{|\varphi(u_n)|\}$ 无界矛盾. 所以 $\{u_n\}$ 在 E 中无界. ■

注 7.2　满足条件(A)、条件(F_1)、条件(F_3)、条件(F_8)和条件(F_{11})的函数有很多,例如, $F(t,x) = (|x|^6)$. 此外,还有许多满足条件(F_5)、条件(F_7)、条件(F_{10})且不满足条件(F_6)的函数,例如,

$$I_{ij}(t)=\begin{cases}0, & t\geqslant 4,\\ (t-4)^3, & 3\leqslant t<4,\\ -t+2, & 1<t<3,\\ t^5, & |t|\leqslant 1,\\ -t+2, & -3<t<1,\\ (t+4)^3, & -4<t\leqslant -3,\\ 0, & t\leqslant -4,\end{cases}\qquad (i=1,2,3,4;j=1,2).$$

注 7.3 在定理 7.3 中,如果去掉条件"$F(t,0)=0$",则得到以下定理.

定理 7.4 假设条件(A)、条件(F_1)、条件(F_3)、条件(F_5)、条件(F_7)、条件(F_8)、条件(F_{10})和条件

(F_{12})$F(t,x)$ 在 x 中是偶数.

满足,那么问题(7.1.1)有无穷多个解.

证明 设在引理 4.4 中取 $Y=H^+$,$X=H^-\oplus H^0$ 和 $E=H^1_{\Delta,T}$. 那么,从引理 7.4 和定理 7.3 的证明知,$E=X\oplus Y$,$\dim(X)<+\infty$,φ 是偶泛函,$\varphi\in C^1(E,R)$ 满足(C)条件,且存在常数 $\rho_9,\sigma>0$ 使得 $\varphi|_{\partial B_{\rho_9}\cap Y}\geqslant\sigma$,$\inf\varphi(B_{\rho_9}\cap Y)\geqslant 0$,其中 $\partial B_{\rho_9}=\{u\in E:\|u\|=\rho_9\}$.

对空间 E 的任意有限维子空间 $\tilde{E}$,由式(7.3.35)知,当 $u\in\tilde{E}$ 且 $\|u\|\to\infty$ 时

$$\varphi(u)\to-\infty.$$

从而,对空间 Y 的任意有限维子空间 Y_0,条件(Φ_2)成立. 此外,由 $\dim(X)<+\infty$ 和 $\varphi\in C^1(E,R)$ 可知,条件(Φ_0)也成立. 因此,由定理 7.4 知结论成立. ■

参考文献

[1] GAMARRA J G P, SOLÉ R V, Complex discrete dynamics from simple continuous population models[J]. Bull. Math. Biol., 2002, 64(3): 611-620.

[2] HILGER S. Analysis on measure chains-A unified approach to continuous and discrete calculus[J]. Res. Math., 1990, 18(1-2): 18-56.

[3] BOHNER M, PETERSON A. Dynamic Equations on Time Scales: An Introduction with Applications[M]. Boston: Birkhäuser, 2001.

[4] BOHNER M, PETERSON A. Advances in Dynamic Equations on Time Scales[M]. Boston: Birkhäuser, 2003.

[5] AULBACH B, HILGER S. Linear dynamic processes with inhomogeneous time scale, in: Nonlinear Dynamics and Quantum Dynamical Systems[J]. Mathematical Research, 1990, 59: 9-20.

[6] ERBE L, HILGER S. Sturmanian theory on measure chains[J]. Differential Equations Dynamical Systems, 1993, 1(3): 223-246.

[7] LAKSHMIKANTHAM V, SIVASUNDARAM S. KAYMAKCALAN

B. Dynamic Systems on Measure Chains[M]. Dordrecht: Kluwer Academic, 1996.

[8] AGARWAL R P, BOHNER M. Basic calculus on time scales and some of its applications[J]. Results Math., 1999,35(1-2):3-22.

[9] MARKS II R J, GRAVAGNE I A, DAVIS J M. A generalized Fourier transform and convolution on time scales[J]. J. Math. Anal. Appl., 2008,2(340):901-919.

[10] MARTINS N, TORRES D F M. Calculus of variations on time scales with nabla derivatives[J]. Nonlinear Analysis, 2009,71(12):763-773.

[11] BHASKAR T G. Comparison theorem for a nonlinear boundary value problem on time scales[J]. Journal of Computational and Applied Mathematics, 2002,141(1-2):117-122.

[12] HONG S H. Differentiability of multivalued functions on time scales and applications to multivalued dynamic equations[J]. Nonlinear Analysis, 2009,71(9):3622-3637.

[13] AKHMET M U, TURANA M. Differential equations on variable time scales[J]. Nonlinear Analysis, 2009,70(3):1175-1192.

[14] AMSTER P, NÁPOLI P D, PINASCO J P. Eigenvalue distribution of second-order dynamic equations on time scales considered as fractals[J]. J. Math. Anal. Appl., 2008,343(1):573-584.

[15] CABADA A, VIVERO D R. Expression of the Lebesgue Δ-integral on time scales as a usual Lebesgue integral; application to the calculus of Δ-antiderivatives[J]. Mathematical and Computer Modelling, 2006, 43(1):194-207.

[16] STEHLIK P, THOMPSON B. Maximum principles for second order

dynamic equations on time scales[J]. J. Math. Anal. Appl., 2007, 331(2): 913-926.

[17] LI W N. Some new dynamic inequalities on time scales[J]. J. Math. Anal. Appl., 2006, 319(2): 802-814.

[18] BOHNER M, GUSEINOV G S. Line integrals and Green's formula on time scales[J]. J. Math. Anal. Appl., 2007, 326(2): 1124-1141.

[19] AGARWAL R P, O'REGAN D. Infinite Interval Problems for Differential, Difference and Integral Equations[M]. Dordrecht: Kluwer Acad, 2001.

[20] AGARWAL R P, BOHNER, M. REHÁK P. Half-Linear Dynamic Equations[J]. Kluwer Academic Publishers, Dordrecht, 2003, 1(2): 1-57.

[21] AGARWAL R P, BOHNER M, LI W T. Nonoscillation and Oscillation: Theory for Functional Differential Equations[M]. New York: Marcel Dekker, 2004.

[22] ANDERSON D R. Eigenvalue intervals for a second-order mixed-conditions problem on time scales[J]. International Journal of Nonlinear Differential Equations, 2002, 7(1-2): 97-104.

[23] GUSEINOV G S. Integration on time scales[J]. J. Math. Anal. Appl., 2003, (285): 107-127.

[24] BOHNER M, GUSEINOV G S. Improper integrals on time scales[J]. Dynam. Systems Appl., 2003, 12(1-2): 45-65.

[25] KAUFMANN E R, RAFFOUL Y N. Periodic solutions for a neutral nonlinear dynamical equation on a time scale[J]. J. Math. Anal. Appl., 2006, 319(1): 315-325.

[26] AGARWAL R P, OTERO-ESPINAR V, PERERA K. et al. Basic

properties of Sobolev's spaces on time scales[J]. Advances in Difference Equtions, 2006, 2006(1): 1-14.

[27] ZHANG H T, LI Y K. Existence of positive periodic solutions for functional differential equations with impulse effects on time scales [J]. Commun. Non-linear Sci. Numer. Simul., 2009, 14(1): 19-26.

[28] OTERO-ESPINAR V, VIVERO D R. Existence and approximation of extremal solutions to first-order infinite systems of functional dynamic equations[J]. J. Math. Anal. Appl., 2008, 339(1): 590-597.

[29] LIU H B, XIANG X. A class of the first order impulsive dynamic equations on time scales[J]. Nonlinear Analysis, 2008, 69(9): 2803-2811.

[30] GENG F J, ZHU D M. Multiple results of p-Laplacian dynamic equations on time scales[J]. Applied Mathematics and Computation, 2007, 193(2): 311-320.

[31] ANDERSONA D R, ZAFER A. Nonlinear oscillation of second-order dynamic equations on time scales[J]. Applied Mathematics Letters, 2009, 22(10): 1591-1597.

[32] DU N H, TIEN L H. On the exponential stability of dynamic equations on time scales[J]. J. Math. Anal. Appl., 2007, 331(2): 1159-1174.

[33] ERBE L, JIA B G. PETERSON A. Oscillation and nonoscillation of solutions of second order linear dynamic equations with integrable coefficients on time scales[J]. Applied Mathematics and Computation, 2009, 215(5): 1868-1885.

[34] CALVIN D, AHLBRANDT, MORIAN C. Partial differential equations on time scales[J]. Journal of Computational and Applied Mathemat-

ics, 2002, 141(1-2): 35-55.

[35] JACKSON B. Partial dynamic equations on time scales[J]. Journal of Computational and Applied Mathematics, 2006, 186(2): 391-415.

[36] CHEN A P, CHEN F L. Periodic solution to BAM neural network with delays on time scales[J]. Neurocomputing, 2009, 73(1-3): 274-282.

[37] ZHANG L, LI H X, ZHANG X B. Periodic solutions of competition Lotka-Volterra dynamic system on time scales[J]. Computers and Mathematics with Applications, 2009, 57(7): 1204-1211.

[38] ZHANG Z G, DONG W L, LI Q L. et al. Positive solutions for higher order nonlinear neutral dynamic equations on time scales[J]. Applied Mathematical Modelling, 2009, 33(5): 2455-2463.

[39] ATICI F M, BILES D C, LEBEDINSKY A. An application of time scales to economics[J]. Mathematical and Computer Modelling, 2006, 43(7): 718-726.

[40] AKHMET M U, TURAN M. The differential equations on time scales through impulsive differential equations[J]. Nonlinear Analysis, 2006, 65(11): 2043-2060.

[41] JIA B G. Wong's comparison theorem for second order linear dynamic equations on time scales[J]. J. Math. Anal. Appl., 2009, 349(2): 556-567.

[42] LI Y L, CHEN X R, ZHAO L. Stability and existence of periodic solutions to delayed Cohen-Grossberg BAM neural networks with impulses on time scales[J]. Neurocomputing, 2009, 72(7-9): 1621-1630.

[43] LIU J, LI Y K, ZHAO L L. On a periodic predator-prey system with time delays on time scales[J]. Commun. Nonlinear. Sci. Numer. Simulat., 2009, 14(8): 3432-3438.

[44] AGARWAL R P, OTERO-ESPINAR V, PERERA K, et al. Multiple positive solutions of singular Dirichlet problems on time scales via variational methods[J]. Nonlinear Analysis, 2007, 67(2): 368-381.

[45] SUN H R, LI W T. Existence theory for positive solutions to one-dimensional p-Laplacian boundary value problems on time scales [J]. J. Differential Equations., 2007, 240(2): 217-248.

[46] HAO Z C, XIAO T J, LIANG J. Existence of positive solutions for singular boundary value problem on time scales [J]. J. Math. Anal. Appl., 2007, 325(1): 517-528.

[47] JIANG L Q, ZHOU Z. Existence of weak solutions of two-point boundary value problems for second-order dynamic equations on time scales [J]. Non-linear Analysis, 2008, 69(4): 1376-1388.

[48] AGARWAL R P, BOHNER M, WONG P J Y. Sturm-Liouville eigenvalue problems on time scales[J]. Appl. Math. Comput., 1999, 99 (2-3): 153-166.

[49] RYNNE B P. L^2 spaces and boundary value problems on time-scales [J]. J. Math. Anal. Appl., 2007, 328(2): 1217-1236.

[50] DAVIDSON F A, RYNNE B P. Eigenfunction expansions in L^2 spaces for boundary value problems on time-scales[J]. J. Math. Anal. Appl., 2007, 335(2): 1038-1051.

[51] GUO M Z. Existence of positive solutions for p-Laplacian three-point boundary value problems on time scales[J]. Mathematical and Computer Modelling, 2009, 50(1-2): 248-253.

[52] İsmail Yaslan. Existence results for an even-order boundary value problem on time scales[J]. Nonlinear Analysis, 2009, 70(1): 483-491.

[53] SUN H R, LI W T. Existence theory for positive solutions to one-dimensional p-Laplacian boundary value problems on time scales [J]. Journal Differential Equations, 2007, 240(2): 217-248.

[54] GENG F J, XU Y C, ZHU D M. Periodic boundary value problems for first-order impulsive dynamic equations on time scales[J]. Nonlinear Analysis, 2008, 69(11): 4074-4087.

[55] FENG M Q, ZHANG X M, GE W G. Positive solutions for a class of boundary value problems on time scales[J]. Computers and Mathematics with Applications, 2007, 54(4): 467-475.

[56] SU Y H, LI W T, SUN H R. Positive solutions of singular p-Laplacian BVPs with sign changing nonlinearity on time scales[J]. Mathematical and Computer Modelling, 2008, 48(5-6): 845-858.

[57] SUN J P, LI W T. Positive solutions to nonlinear first-order PBVPs with parameter on time scales[J]. Nonlinear Analysis, 2009, 70(3): 1133-1145.

[58] DU B. Some new results on the existence of positive solutions for the one-dimensional p-Laplacian boundary value problems on time scales [J]. Nonlinear Analysis, 2009, 70(1): 385-392.

[59] LI Y K, ZHANG H T. Existence of periodic solutions for a periodic mutualism model on time scales[J]. J. Math. Anal. Appl., 2008, 343 (2): 818-825.

[60] MAWHIN J, WILLEM M. Critical Point Theory and Hamiltonian Systems[M]. Berlin: Springer-Verlag, 1989.

[61] 钟承奎,范先令,陈文原. 非线性泛函分析引论[M]. 兰州:兰州大学出版社, 1998.

[62] FEI G H, WANG T X. The Minimal Period Problem for Nonconvex

Even Second Order Hamiltonian Systems[J]. J. Math. Anal. Appl., 1997,215(2):543-559.

[63] FEI G H, KIM S K, WANG T X. Periodic Solutions of Classical Hamiltonian Systems without Palais-Smale Condition[J]. Journal of Mathematical Analysis and Applications, 2002,267(2):665-678.

[64] ZHAO F K, CHEN J, YANG M B. A periodic solution for a second-order asymptotically linear Hamiltonian system[J]. Nonlinear Analysis, 2009,70(11):4021-4026.

[65] IZYDOREK M, JANCZEWSKA J. Heteroclinic solutions for a class of the second order Hamiltonian systems[J]. Journal of Differential Equations, 2007,238(2):381-393.

[66] WU X, CHEN S X, ZHAO F K. New existence and multiplicity theorems of periodic solutions for non-autonomous second order Hamiltonian systems[J]. Mathematical and Computer Modelling, 2007,46(3-4):550-556.

[67] JIANG Q, TANG C L. Periodic and subharmonic solutions of a class of subquadratic second-order Hamiltonian systems [J]. J. Math. Anal. Appl., 2007,328(1):380-389.

[68] TAO Z L, YAN S A, WU S L. Periodic solutions for a class of superquadratic Hamiltonian systems[J]. J. Math. Anal. Appl., 2007,331(1):152-158.

[69] YE Y W, TANG C L. Periodic solutions for some nonautonomous second order Hamiltonian systems[J]. J. Math. Anal. Appl., 2008,344(1):462-471.

[70] ZHANG X Y, ZHOU Y G. Periodic solutions of non-autonomous second order Hamiltonian systems[J]. J. Math. Anal. Appl., 2008,345

(2):929-933.

[71] YANG R G. Periodic solutions of some non-autonomous second order Hamiltonian systems[J]. Nonlinear Analysis, 2008, 69(8): 2333-2338.

[72] WANG H Y. Periodic solutions to non-autonomous second-order systems[J]. Nonlinear Analysis, 2009, 71(3-4): 1271-1275.

[73] WU D L, WU X P, TANG C L. Homoclinic solutions for a class of nonperiodic and noneven second-order Hamiltonian systems[J]. J. Math. Anal. Appl., 2010, 367(1): 154-166.

[74] ZHANG Q Y, LIU C G. Infinitely many homoclinic solutions for second order Hamiltonian systems[J]. Nonlinear Analysis, 2010, 72(2): 894-903.

[75] WEI J C, WANG J, Infinitely many homoclinic orbits for the second order Hamiltonian systems with general potentials[J]. J. Math. Anal. Appl., 2010, 366(2): 694-699.

[76] WANG J, ZHANG F B, XU J X. Existence and multiplicity of homoclinic orbits for the second order Hamiltonian systems[J]. J. Math. Anal. Appl., 2010, 366(2): 569-581.

[77] LÜ X, LU S P, YAN P. Homoclinic solutions for nonautonomous second-order Hamiltonian systems with a coercive potential[J]. Nonlinear Analysis, 2010, 72(7-8): 3484-3490.

[78] LÜ X, LU S P, YAN P. Existence of homoclinic solutions for a class of second-order Hamiltonian systems[J]. Nonlinear Analysis, 2010, 72(1): 390-398.

[79] LUAN S X, MAO A M. Periodic solutions for a class of non-autonomous Hamiltonian systems[J]. Nonlinear Analysis, 2005, 61(8):

1413-1426.

[80] RABINOWITZ P H. Minimax Methods in Critical Point Theory with Applications to Differetial Equations[J]. Bulletin of the London Mathematical Society, 1987,19(3):282-283.

[81] BARTSCH T, DING Y H. Deformation theorems on non-metrizable vector spaces and applications to critical point theory[J]. Math. Nachr., 2006,279(12):1267-1288.

[82] RABINOWITZ P H. Periodic solutions of Hamiltonian systems [J]. Comm. Pure Appl. Math., 1978(31):157-184.

[83] WU X, CHEN J L. Existence theorems of periodic solutions for a class of damped vibration problems[J]. Applied Mathematics and Computation, 2009,207(1):230-235.

[84] WU X, CHEN S X, TENG K M. On variational methods for a class of damped vibration problems[J]. Nonlinear Analysis, 2008,68(8): 1432-1441.

[85] ZHOU J W, WANG Y N, LI Y K. An application of variational approach to a class of damped vibration problems with impulsive effects on time scales[J]. Boundary Value Problems, 2015,2015(1):1-25.

[86] BERGER M S, SCHECHTER M. On the solvability of semilinear gradient operator equations[J]. Advances in Mathematics. 1997,25(2): 97-132.

[87] LONG Y M. Nonlinear oscillations for classical Hamiltonian systems with bi-even subquadratic potentials[J]. Nonlinear Analysis, 1995,24 (12):1665-1671.

[88] HE X M, WU X. Periodic solutions for a class of nonautonomous second order Hamiltonian systems[J]. Journal of Mathematical Analysis

and Applications, 2008, 341(2): 1354-1364.

[89] MENG F J, ZHANG F B. Periodic solutions for some second order systems[J]. Nonlinear Analysis, 2008, 68(11): 3388-3396.

[90] WU X, CHEN S X, TENG K M. On variational methods for a class of damped vibration problems[J]. Nonlinear Analysis, 2008, 68(6): 1432-1441.

[91] LI X, WU X, WU K. On a class of damped vibration problems with super-quadratic potentials[J]. Nonlinear Analysis, 2010, 72(1): 135-142.

[92] ZHOU J W, LI Y K. Variational approach to a class of second order Hamiltonian systems on time scales[J]. Acta Applicandae Mathematicae, 2012, 117(1): 47-69.

[93] SU Y H, FENG Z S. A non-autonomous Hamiltonian systems on time scales[J]. Nonlinear Analysis, 2012, 75(10): 4126-4136.

[94] YANG L, LIAO Y Z, LI Y K. Existence and exponential stability of periodic solutions for a class of Hamiltonian systems on time scales [J]. Advances in Difference Equations, 2013, 2013(1): 180.

[95] SONG W J, GAO W J. Existence of solutions for nonlocal p-Laplacian thermistor problems on time scales [J]. Boundary Value Problems, 2013, 2013(1): 1.

[96] TOKMAK F, KARACA L Y. Existence of symmetric positive solutions for a multipoint boundary value problem with sign-changing nonlinearity on time scales[J]. Boundary Value Problems, 2013, 2013(1): 52.

[97] LI Y K. YANG L, SUN L J. Existence and exponential stability of an equilibrium point for fuzzy BAM neural networks with time-varying delays in leakage terms on time scales[J]. Advances in Difference Equa-

tions. 2013, 2013(1):218.

[98] SU Y H, FENG Z. Homoclinic orbits and periodic solutions for a class of Hamiltonian systems on time scales[J]. Journal of Mathematical Analysis and Applications, 2014, 411(1): 37-62.

[99] FRIESL M, SLAVÍK A, STEHLÍK P. Discrete-space partial dynamic equations on time scales and applications to stochastic processes [J]. Applied Mathematics Letters, 2014, 37: 86-90.

[100] OTERO-ESPINAR V, PERNAS-CASTANO T. Variational approach to second-order impulsive dynamic equations on time scales [J]. Boundary Value Problems 2013, 2013(1): 119.

[101] AULBACH B, HILGER S. Linear dynamic processes with inhomogeneous time scale[J]. Math. Res., 1990, 59: 9-20.